Georg Schwedt



# Färberwaid

## *Blaues Gold aus Thüringen*

Verlag Rockstuhl

Impressum

*Umschlaggestaltung:* Harald Rockstuhl, Bad Langensalza

*Titelbild:* Waidpflanze, aus Leonhart Fuchs, Kreuterbuch von 1543

**ISBN 978-3-95966-169-0**

*Innenlayout:* Verlag Rockstuhl, Bad Langensalza

*Druck und Bindearbeit:* Digital Print Group Oliver Schimek GmbH, Nürnberg/Mittelfranken

Gedruckt auf alterungsbeständigem Papier nach ISO 9706

*Die Deutsche Nationalbibliothek* verzeichnet diese Publikation in der Deutschen Nationalbibliografie. Detaillierte bibliografische Daten sind im Internet über *http://dnb.d-nb.de* abrufbar.

Verlag Rockstuhl
www.verlag-rockstuhl.de

*Inhaber: Harald Rockstuhl*
*Mitglied des Börsenvereins des Deutschen Buchhandels e.V.*
*Lange Brüdergasse 12 in D-99947 Bad Langensalza/Thüringen*
*Telefon: 03603 / 81 22 46  Telefax: 03603 / 81 22 47*
*www.verlag-rockstuhl.de*

# Inhalt

*Waidmühlenstein in Tüngeda (Wartburgkreis). Foto Harald Rockstuhl*

*Waidmühlenstein in Craula (Wartburgkreis). Foto Harald Rockstuhl*

# Einleitung – vom Blaumachen

*Gotthold Ephraim Lessing* (1729–1781):

**Die blaue Hand**
Ein Richter war, der sah nicht wohl:
Ein Färber kommt, der schwören soll.
Der Färber hebt die blaue Hand;
Da ruft der Richter: Unverstand!
Wer schwört im Handschuh? Handschuh aus!
Nein! ruft der Färber; Brill heraus!

Der Färber – Jost Ammann: Das Ständebuch (1568)

Das Wort *blaumachen* wird im Zusammenhang mit einem *blauen Montag* gebraucht, worunter man einen Montag versteht, an dem man der Arbeit fernbleibt. Zur Herkunft dieser Redewendung gibt es zwei unterschiedliche Deutungsversuche. Darüber ist im DUDEN zu lesen, dass der *blaue Montag* ursprünglich auf den Montag vor dem Fastendienstag beschränkt und somit ein arbeitsfreier Fastenmontag gewesen sei. Blau sei an diesem Tag die vorgeschriebene liturgische Farbe der Kleidung gewesen. Nach der Kleiderordnung des Mittelalters wurden die so genannten *geringen Farben* Grau und Braun Handwerkern und Bauern an Werktagen zugeordnet. An Sonn- und Feiertagen dagegen durften sie anstelle der Kleidung des *grauen Alltags* auch eine blaue Feiertagskleidung tragen. So wurde der Fastenmontag zu einem *blauen Montag*. Die Redewendung ist in dieser Form seit dem 16. Jahrhundert belegt. Dieser *blaue Montag* als Totengedenktag sei in den Zünften von 1731 bis zum Ende des 19. Jahrhunderts üblich gewesen und erst durch die Reichshanderkerordnung abgeschafft worden.

Eine zweite Deutung geht von der Praxis des Färberhandwerkes aus. Bei der *Blaufärbung* beispielsweise von Wolle mit *Indigo* aus dem Färberwaid ließ man an Samstagen oder Sonntagen das Gewebe im Färbebad liegen und hängte es am Montag zur Oxidation der farblosen Vorstufe des Indigos an der Luft zum Trocknen auf. Während dieses *Bläuens* hatten die Gesellen, eben am Montag, einen freien Tag.

In der „Brockhaus-Enzyklopädie" von 1837 ist nachzulesen:
*Blauer Montag heißt bei den Handwerkern jeder Montag, an welchem die Gesellen nicht arbeiten. Der Name soll daher rühren, daß in früherer Zeit am Montage vor Fastnacht die Kirchen mit blauem Tuche ausgeschlagen gewesen wären und daß an diesem Montage nicht gearbeitet, sondern zu guterletzt vor dem Fasten tüchtig gezecht und geschmaust worden sei, weshalb er auch der Freßmontag hieß. Das Feiern an anderen Montagen wurde als Schadloshaltung üblich, wenn die Gesellen noch am Sonntag Vormittag hatten arbeiten müssen, und alle diese Montage wurden nun blaue genannt; doch wollen auch manche diese Bezeichnung vom blauen Himmel ableiten, weil dieser zur Einstellung der Arbeit und zum Spaziergehen verleite. In neuerer Zeit ist die Feier des sogenannten blauen Montags in vielen Ländern bei harten Strafen verboten worden, weil's sie zu vielerlei Unfug Veranlassung gab.*

(Aus: Georg Schwedt, Wenn das Gelbe vom Ei blau macht. Sprüche mit versteckter Chemie, Weinheim 2008)

Für mehrere Jahrhunderte – ab dem 13. Jahrhundert – war Thüringen das Zentrum der Indigogewinnung aus dem Färberwaid. Fünf Städte, die Waidstädte, gelangten durch den Handel zur Wohlstand, vor allem Erfurt.
Mit der Entdeckung des Seeweges nach Indien durch Vasco da Gama (1498) gelangte Indigo auch nach Europa. Der römisch-deutsche Kaiser Ferdinand III. (1608-1657; Kaiser ab 1637) erklärte den Indigo zur Teufelsfarbe und auch den Waidanbau sowie den Waidhandel in Thüringen. Die Kontinentalsperre durch Napoleon 1806 konnte ihn nur vorübergehend fördern. Um 1910 kam der Waidanbau auch zwischen Gotha und Langensalza zum Erliegen. Über diese Jahrhunderte wird anhand zahlreicher literarischer Quellen berichtet.

## Aus der Geschichte der Pflanze FÄRBERWAID

Bereits im Altertum wurde sie als Färberpflanze kultiviert. Aus der ägyptischen Kultur um 1000 v. Chr. stammen blaue Flachsfäden von dem Gewand einer Prinzessin, dessen Farbe Friedrich Rathgen (1921 – erster Direktor des Chemischen Labors der Königlichen Museen in Berlin – heute Rathgen-Forschungslabor) als Indigo identifizierte, der möglicherweise von Waid (*Isatis tinctoria* L.) oder von der Indigopflanze stammt.

In *Mesopotamien* (Land der Sumerer um 3000 v. Chr. zwischen Euphrat und Tigris) war blau gefärbte Wolle für Kleidung weit verbreitet. Sie wurde mit indigohaltigen Pflanzen, meist wohl Waid, der noch heute in Palästina gefunden wird, gefärbt. Auch auf der Insel Kreta, zur Zeit der Reiches der Minoer in etwa der gleichen Zeit, war die Indigopflanze Färberwaid vermutlich bekannt.

Caesar schrieb in *De bello Gallico* (V 14.2; über den Gallischen Krieg 58 bis 51/50 v. Chr.), dass sich die Briten (Inselkelten im Südosten Britanniens) vor den Kämpfen mit den römischen Soldaten mit *vitrum* eingerieben hätten. Archäologische Färberwaid-Funde bei Dragonby lassen die Annahme als wahrscheinlich erscheinen, dass mit *vitrum* auch Färberwaid gemeint war. Der Text von Caesar lautet aus dem Lateinischen übersetzt:
„Alle Britannier färben sich mit *vitrum* blaugrün, wodurch sie in den Schlachten so furchtbar aussehen…“

Erste schriftliche und ausführlichere Angaben findet man jedoch erst im *Papyrus Graecus Holmiensis* – aus dem 3. Jahrhundert n. Chr., den man 1828 in Ägypten bei der Freilegung eines thebanischen Grabes gefunden hatte. In Alexandria lebte der schwedisch-norwegische Generalkonsul J. d'Astanasy (Giovanni Anastasi 1765 – 1860; Armenier – reicher Kaufmann und Antiquar), ein Sammler ägyptischer Papyri, der den Papyrus erwarb und später zusammen mit seiner Sammlung von etwa 100 Handschriften an die Regierung der Niederlande verkaufte (heute im Leidener Museum). Der Papyrus, auch als Stockholm Papyrus bezeichnet, enthält 154 handwerkliche Rezepte, u.a. zum Färben. Die Angaben erstrecken sich von der Ernte der Waidpflanze, der Vorbereitung des Waids zum Küpenansatz bis zum Färben aus der Urinküpe.

*HISTORIA PLANTARUM* von Theophrast – Frontispiz der Ausgabe von 1644

Die griechischen Ärzte *Dioskurides* (in *De materia medica libri quinqe* 77 oder 78 n. Chr.) und *Theophrast von Eresos* (372/370–288/286; Philosoph und Naturforscher – in *Historia plantarum*) beschrieben den Waid auch als Färbepflanze zum Blaufärben.
Helmut Schweppe schrieb in seinem „Handbuch der Naturfarbstoffe" (1993) im Kapitel „Völker der klassischen Antike":
„Waid (*Isatis tinctoria*) war in der klassischen Welt für die Indigofärberei populärer als der in Indien aus der Indigopflanze (*Indigofera tinctoria*) hergestellte Indigo. Waid war eine der ersten Färbepflanzen, die in Europa, auch in Breiten mit gemäßigtem Klima, angebaut wurde. Die Vorbereitung der Waidblätter für Färbezwecke war einfacher als bei der Verwendung von indischem Indigo…"

Aus dem frühen Mittealter sind mehrere Handschriften bekannt, in denen lateinische Rezepte für die Färberei übermittelt sind. Sie werden auch von Schweppe genannt und sind in der folgenden Übersicht zusammengestellt:

- *Compositiones ad tingenda musiva* (Lucca 800), als Anweisungen für künstliche Farben, darin auch als Textilfarbstoff zum Blaufärben Waid.
- *Mappae Clavicula* (Süditalien um 800): Indigo aus Waid zum Grünfärben in einer Mischung mit Wau (*Reseda luteola* - gelb) nach Beizen mit Alaun für Knochen, Horn und Holz.

- *Heraclius, De Coloribus et Artibus Romanorum* (um 1000): im dritten Teil wird neben Mineralfarben auch Waid genannt.

Aus der *Wikingerzeit* sind anhand von Ausgrabungen in York/Nordengland mit dem Waidfarbstoff gefärbte Textilien bekannt.
Auch norwegische Wollwebefragmente aus der Zeit von 100 bis 500 n. Chr. wurde mit Waid blau gefärbt.
Bei den Kelten hieß die Pflanze *glastum*, bei den Germanen *uuisdil* (gotisch) oder *waizda* (westgermanisch), bei den Griechen *isatis*, bei den Römern *vitrum*.

Als Malerfarbmittel wurde Indigoblau (aus den tropischen *Indigofera tinctoria*) oder dem europäischen Waid (*Isatis tinctoria*) in der römischen Malerei im 1. Jahrhundert n. Chr., in frühmittelalterlichen Buchminiaturen und in Gemälden aus allen Epochen der europäischen Staffelmalerei verwendet. (H. Schweppe)

Im Mittelalter haben vor allem die *flämischen Färber* mit Waid gefärbt. Sie erzielten ein schönes Dunkelblau – als *manteaux de Frise* (Produkt des Tieflandes) gepriesen und in ganz Europa sehr geschätzt.

Für das 9. Jahrhundert wird immer wieder die von Karl dem Großen stammende *Capitulare de villis* (wahrscheinlich von 812 n. Chr.) genannt, einer Verordnung für die karolingischen Meierhöfe als Staatsgüter, auch Färbepflanzen anzubauen. In der Liste der Pflanzennamen, die nicht immer eindeutig einer Pflanzenart zuzuordnen sind, findet sich der Waid im 43. Kapitel neben Flachs (*linum*) mit der Bezeichnung *waisdo* (jedoch nicht in der Hauptliste der Pflanzen im 70. Kapitel – und wird deshalb oft übersehen).

Hildegard von Bingen (1098–1179) beschrieb in ihrer *Physica* im 1. Buch über Kräuter diese Pflanze – von ihr als *weith* bezeichnet (1.198) – wie folgt:
*Waid ist kalt und diese Kälte ist sehr scharf.*

*Ein Mensch, der an seinem Körper von irgendeiner Gicht (welcher Ausprägung auch immer) gequält wird, soll Waid kräftig in Wasser kochen, durch ein Tuch seihen und das Kraut verwerfen. Dann nehme er Geierschmalz und halb so viel Hirschfett (oder Bockstalg, wenn er das nicht bekommen kann) und gebe es in besagtes Wasser und koche es zusammen und bereite daraus eine Salbe. Und wo er von der Gicht verrenkt wird, soll er sich öfter einreiben, und die Gicht wird weichen. Die Kälte dieses Krauts nämlich leistet der kalten Gicht Widerstand und die Schärfe dieser Kälte durchbohrt sie, und weil sich der Geier von nützlichen und unnützen Kräutern und von reinem und unreinem Futter ernährt, beruhigt sein Schmalz die Stürme der Gicht, und da der Hirsch (oder Bock) das Futter von verschiedenen Weiden sucht, löst sein Fett, wenn es den erwähnten Mischungen zugefügt wird, die Gicht im Menschen vollständig auf, oder Gott will nicht, dass jener geheilt wird.*

Schon in der Antike berichtete der griechische Arzt Dioskurides (lebte um 50 n. Chr. s.o.) im *Macer floridus* über Heilwirkungen der Waidblätter:
*Isatis heißt dieses Kraut bei den Griechen, bei uns im Volksmund nennt man es Gaisdo. Den Tuchfärbern bringt es riesigen Gelderwerb. Bereitet man aus den gestampften Blättern ein Pflaster, schließt und verheilt es selbst die größten Wunden und bringt ihre Blutung zum Stehen, ferner verdrängt es sämtliche Geschwülste; und stampfst du es mit Honig, so reinigt es eiternde Wunden. Mit Eiweiß verquickt und aufgetragen, verschönt es Male auf der Haut und hilft dem Antoniusfeuer ab.*
Als *Antoniusfeuer* bezeichnete man im Mittelalter eine endemische Krankheit, wahrscheinlich die mit einer Gewebsnekrose verbundene, brandige Form einer Vergiftung mit Mutterkorn. Heilung versprach man sich durch die Anrufung des hl. Antonius von Padua (1195–1231, Lehrer der Theologie in Bologna).

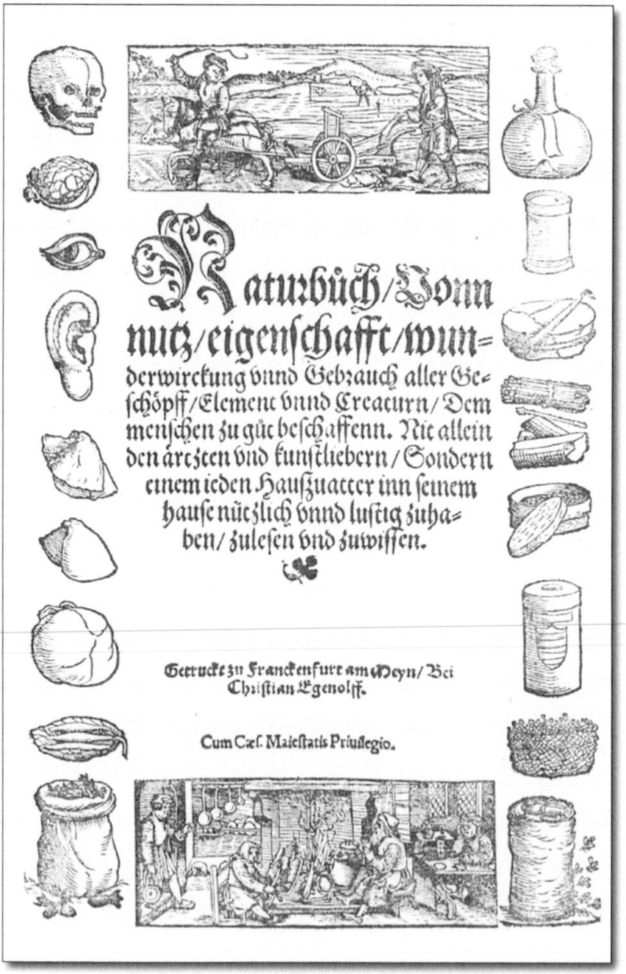
Naturbůch/Vonn nutz/eigenschafft/wunderwirckung vnnd Gebrauch aller Geschöpff/Element vnnd Creaturn/Dem menschen zu gůt beschaffenn. Nit allein den ärtzten vnd kunstliebern/Sondern einem ieden Haußvatter inn seinem hause nützlich vnnd lustig zuhaben/zulesen vnd zuwissen.

Getruckt zu Franckenfurt am Meyn/Bei Christian Egenolff.

Cum Cæs. Maiestatis Priuilegio.

Konrad von Megenberg – Buch der Natur (Ausgabe Frankfurt 1536)

Konrad von Megenberg (1309–1374, Domherr in Regensburg) schrieb in seinem *Buch der Natur* (5.71) *von dem weyt kraut* u.a.:
*...und ist den verbern guot, die tuoch dâ mit verbent und dar nâch ander varb dar zuo mischent, des krautes ist in Dürgen viel umb Ertfurt...*
Aus seiner Heimat in Südosteuropa und Westasien könnte der Waid ähnlich wie Hanf in der Zeit der Kelten (ab 6. Jahrhundert v. Chr. – La Tène-Zeit) die Donau entlang auch nach Deutschland bzw. Westeuropa gelangt sein. Bei Ausgrabungen in der Heuneburg an der oberen Donau (Freilichtmuseum – Keltenstadt Pyrene / Herbertingen-Hundertingen, Baden-Württemberg) fand man Abdrücke von Waidfrüchten, die dem 5. oder 6. Jahrhundert v. Chr. zugeordnet werden. Es wird anhand zahlreicher weiterer Funde (u.a. bei Bremerhaven, in Dänemark) davon ausgegangen, dass diese aus einem planmäßigen Anbau stammten. Aus der Zeit um 850 n. Chr. fand man in einem Schiffsgrab bei Oseberg in Norwegen zahlreiche Grabbeigaben für die dort beigesetzte Wikingerkönigin Asa und darunter auch ein Gefäß mit Waid. In einem Moor bei Thorsberg in Schleswig-Holstein fand man auf die Zeit um 400 n. Chr. datierte mit Waid gefärbte Textilien aus Wolle.

Gertrud Scherf schrieb in ihrem Buch „Pflanzengeheimnisse aus alter Zeit" (2004) im Kapitel über Färberwaid u.a.:
*Der Thüringer Waid war wegen seiner hohen Färbekraft dem am Niederrhein um Jülich, in Oberschlesien oder um Nürnberg angebauten überlegen und bei den Färbern besonders begehrt.*

# Zur Botanik – Indigo oder Waid ?

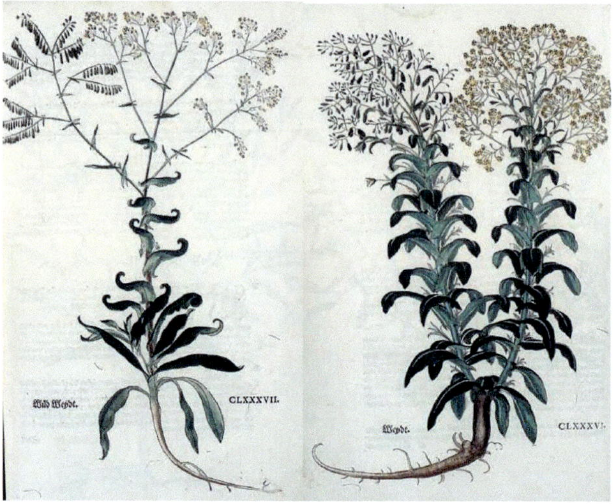

Färberwaid – links wild wachsend (var. vulgaris),
Mitte kultiviert (var. sativa)
Aus: Leonhart Fuchs, Kräuterbuch (1543),
dazu s. auch folgendes Kapitel

Indigopflanze
(Graphik um 1570)

*Waid* (*Isatis tinctoria* L.) ist eine zweijährige Pflanze aus der Familie der Kreuzblütengewächse (*Brassicaceae*). Sie stammt ursprünglich aus Westasien, ist aber schon vor vielen Jahrhunderten in Europa als *Färberpflanze* kultiviert worden (s. Abb. oben). Sie gilt als *Archäophyt* – als Pflanze, die noch vor 1492, als Christoph Kolumbus Amerika erreichte, durch direkten oder indirekten menschlichen Einfluss in ein neues Gebiet eingeführt wurde.

*Indigo* (*Indigofera tinctoria* L.) dagegen ist eine tropische Pflanze, ein bis zu 1,5 Meter hoher Halbstrauch und er gehört zur Familie der Hülsenfrüchtler (Fabaceae). Ihre Heimat liegt in Indien – sie ist auch im tropischen Afrika und in China beheimatet.

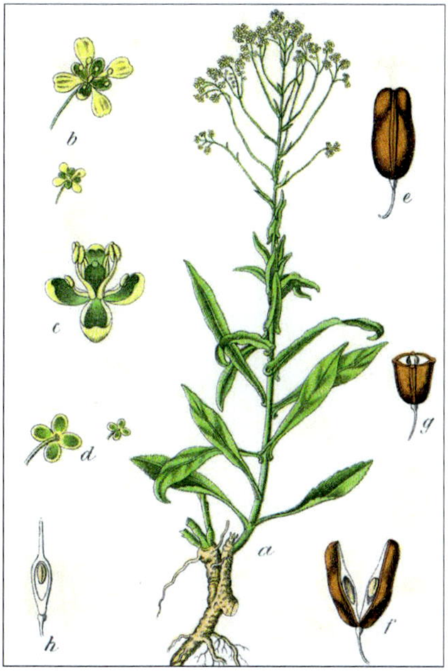


*Isatis tinctoria* – Pflanzenteile im Detail, aus: Johann Georg Sturm, Deutschlands Flora in Abbildungen (1796)

Johann Georg *Sturm* (1742–1793) war ein Nürnberger Kupferstecher. Sein Sohn Jacob Sturm (1771–1848) wurde ebenfalls Kupferstecher. Von ihm stammt das obige Bild. Jacob Sturm lernte 1787 den Botaniker Johann Christian Schreber (1739–1810, Sohn des Kameralisten und Juristen Daniel Gottfried Schreber – s. weiter unten) kennen, wurde durch diesen auch zu einem Naturforscher, der gemeinsam mit seinem Vater das Werk „Deutschlands Flora in Abbildungen nach der Natur mit Beschreibungen" auf 2472 Tafeln ab 1771 herausgab.

Die *Waidpflanze* bildet eine Blattrosette mit zwanzig bis dreißig Zentimeter langen lanzettlichen und ganzrandigen Blättern von blau-grüner Färbung. Sie sind meist kahl – nur später gebildete weisen eine Behaarung auf. Die Blütenstände bestehen aus mehreren Trugdolden mit typischen gelben, rapsähnlichen Blüten. Am Stängelende verbinden sich die Blüten zu einem ausladenden Gesamtblütenstand. Der Färberwaid blüht zwischen Mai und Juli.
Die *Indigopflanze* weist unpaarig gefiederte, schwach behaarte Blätter auf; Blättchen sind elliptisch und ganzrandig). Die Fiederblätter sind eiförmig und glattrandig. Die roten (oder auch weißen) Schmetterlingsblüten befinden sich in achselständigen kurzen Trauben an den Zweigspitzen.
*Waid* bildet als zweijährige Pflanze im ersten Jahr eine Rosette. Im zweiten Jahr wächst aus ihr eine bis zu einem Meter hohe sogenannte Infloreszenz (Blütenstand).

## Zum WAID – Texte aus Kräuterbüchern und einer frühen Brockhaus-Ausgabe

**1543**

Leonhart Fuchs: New Kräuterbuch

Leonhart Fuchs (1501–1556)

Leonhart FUCHS (1501–1566) zählt zu den Vätern der Botanik. Er wurde als Sohn des Bürgermeisters von Wemding (schwäbischer Landkreis Donau-Ries in Bayern) geboren, besuchte in Wemding und Heilbronn studierte er bereits 1515 in Erfurt Philosophie und Naturlehre, setzte 1519 sein Studium in Ingolstadt fort – unter dem bedeutenden Humanisten Johann Reuchlin, erhielt 1521 den Magistergrad und begann danach ein Medizinstudium, das er 1524 mit dem Doktorgrad abschloss. Er praktizierte in München, lehrte ab 1526 in Ingolstadt, wurde 1528 Leibarzt des Ansbacher Markgrafen Georg der Fromme und erhielt schließlich 1535 eine Professur für Medizin an der Universität Tübingen. Dort führte er botanische Exkursionen durch, legte einen Arzneipflanzengarten an, der als erster botanischer Garten der Universität auch zu den ältesten der Welt gezählt wird.

Sein erstes Kräuterbuch in lateinischer Sprache erschien 1542 *„De Historia Stirpium commentarii insignes"*, 1543 in deutscher Sprache als *New Kreüterbuch* mit Beschreibungen von über 400 europäischen und 100 exotischen Pflanzen, in 511 Holzschnitten dargestellt.

Originaltext zur Waidpflanze (s. auch Abb. dazu im Kapitel Botanik):
***W**Eydt würt auff Griechisch und Lateinisch Isatis genent. Vor zeiten ist es auch Glastum geheyssen worden / yetzund aber nent mans Guadum / darvo dann der Teütsch nam Weydt kompt.*

*Geschlecht.*

*Des Weydst findet man zweyerley geschlecht. Eins ist zam / welches man braucht zu blawer farb. Das ander wild / welches zu dem ferben nit gebraucht würt.*

*Gestalt.*

*Das zam Weydt hat bletter auff der erden außgebreyt wie Wegerich / doch feyßter unn schwertzer. Der stengel so im andern jar auff scheüßt ist zweyer elenhoch / thut sich in der höhe auff / mit vilen ästen unnd zincken / welche mit kleinen spitzigen blettin geziert seind. Am gipffel der stengeln wachsen seer kleine* ***geele*** *blümlin / gantz dossschecht / vil neben einander ( auß welchen werden hülsen / die seind lang und breyt / anzusehen wie kleine zünglin / darinn ist der sam. Dise seind erstlich grün / darnach aber werden sie schwartzbraun. Das wild geschlecht ist der zamen gantz gleich / doch seind die stengel etwas zärter / kleiner / unn braunlecht / die hülsen seind auch eschmeler dann an dem zamen / sonst ist gar kein unterscheydt zwüschen beyden geschlechten.*

*Statt irer wachsung.*

*Das zam Weydt würdt an vielen orten unsers Teütschen lands gepflanzt / fürnemlich umb* ***Ach*** *und* ***Erdfurt****. Zu sölchem kraut hat man eygen mülen erfunden / auff welchen es dieweils noch grün gebreßt und* ***zerknützt*** *würt / darnach macht man kugel oder ballen darauß / und last sie auf* ***hürten*** *im heyssen summer ligen / zu letzst brauchens die ferber zu blawer farb der wollen und tücher. Das wild wechst von sich selbs / doch nit allenthalben. Aber umb Tübingen findt mans in grösser menge / dann alle rheyn und mauren der weingärten vol stond.*

*Zeit.*

*Beyde zam und wilde Weydt blüen im Meyen und* ***Brachmonat*** */ darnach bringen sie jren samen wie angezeygt.*

*Die natur und complexion.*

*Das zam Weydt ist bitter unn zeücht zusamen / darumb es seer trücknet / doch ist es nit* ***räß*** *oder scharpff / wie das wild / welchs mehr wermet und trücknet dann das zam.*

*Die krafft und wückung.*

*Die bletter vom zamen Weydt zerstossen und übergeschlagen / zerteylen allerley geschwulst. Sie heylen auch frische wunden. Stellen das blut. Sie heylen auch allerley böse / faule / rinnende / umb sich fressende schäden unn wunden. Man mag aber gedachten blettern ver,ischen brot / oder Gersten / oder Weytzen meel / nach gelegenheit der sach. Die bletter seind auch gut zu dem* ***rotlauff*** *zerstossen unn übergeschlagen. Das wild geschlecht ist fürnemlich gut zu den feüchten faulen schäde. Zu andern aber vorgenante gebrechen ist es nit so dienstlich / dann es zu seer trücknet / und etwas scharpff ist / derhalebn sie ungeschlacht darvon werden / es macht auch beulen. Daß wild geschlecht getruncken und überlegt ist nützlich den* ***miltzsüchtigen.***

Waid-Darstellung im Kräuterbuch von Adam Lonicer – 1557

Adam LONICER (Lonitzer 1528-1586) war ein deutscher Naturforscher, Arzt und Botaniker, der sich ab 1550 mit Kräuterbüchern beschäftigte. Sein erstes Kräuterbuch 1557 (bis 1783 in 27 Auflagen gedruckt) stand in der Tradition von Leonhart Fuchs.
Lonitzer war der Sohn eines Marburger Altphilologen, studierte Medizin in Marburg, Frankfurt und Mainz, promovierte 1553 zum Dr. med. und wirkte ab 1554 als Stadtphysikus in Frankfurt, wo er auch Teilhaber einer Druckerei war.

Zwischen 1773 und 1858 erschien die von Johann Georg KRÜNITZ (1728–1796) begründete *Oeconomische Encyclopädie*, in der die ausführlichste lexikalische Beschreibung des Waidanbaus zu finden ist. Krünitz war der Sohn eines Berliner Kaufmannes, studierte in Halle, Göttingen und Frankfurt (Oder) Medizin und Naturwissenschaften, promovierte 1749 zum Dr. med. und war zunächst als Arzt in Berlin tätig, bevor er sich ausschließlich der *Oeconomischen Encyclopädie* widmete. Der Buchhändler und Verleger Joachim Pauli (1733–1812), der 1761 in Berlin ein Verlagshaus gegründet hatte, in dem er vor allem umfangreiche Nachschlagewerke herausgab, hatte Krünitz, der über eine Privatbibliothek von 15.000 Bänden verfügte, für dieses Nachschlagewerk gewonnen.

Frontispiz von Adam Lonitzers Kräuterbuch 1557

Oekonomisch = technologische
Encyklopädie,
oder
allgemeines System
der
Stats= Stadt= Haus= und Land= Wirthschaft,
und der Kunst= Geschichte,
in alphabetischer Ordnung;
von
D. Johann Georg Krünitz,

Zwey und Vierzigster Theil,
von Koa bis Kohl.
Nebst 15 Kupfertafeln auf 2⅞ Bogen.
Mit Königl. Preußischen und Churfürstl. Sächsischen Privilegien.
Berlin, 1788.
bey Joachim Pauli, Buchhändler.

Das Stichwort WAID ist im Band 232 (1856 – unter dem Verleger Litfaß und Johann Wilhelm David Korth (1783–1851) als Autor) zu finden. Die Enzyklopädie gilt als einer der wichtigsten Quellen „zu Wirtschaft und Technik der Zeit zwischen Aufklärung und Industrialisierung“.

Der Text lautet :
***Waid**, in der Botanik und in der Landwirtschaft die bekannte Pflanze, die auch deutsche Indigo oder Waidindig (Isatis tinctoria)* [genannt wird]. *Sie ist eine zweijährige Pflanze mit einer rüben= oder spindelförmigen Wurzel, welche tief in die Erde eindringt und aus welcher im ersten Jahre viele große, lange, am Rande gekerbte Blätter hervorwachsen, die sich auf der Erde ausbreiten, wohingegen der ziemlich dicke Stengel mit der Blüthe erst im zweiten Jahre erscheint. Die Blüte erscheint im Mai.*

**1841**
Aus dem „*Bilder-Conversations-Lexikon für das deutsche Volk. Ein Handbuch zur Verbreitung gemeinnütziger Kenntnisse und zur Unterhaltung*“ (Brockhaus, Leipzig, 4. Band 1841).
F. A. BROCKHAUS hatte 1793 in Leipzig studiert, zuvor jedoch eine Lehre als Kaufmann abgeschlossen. In Amsterdam gründete er 1805 unter dem Namen Rohloff & Co. eine deutsche Buchhandlung. 1808 kaufte er auf der Leipziger Messe die Rechte an einem begonnenen aber unvollendeten *Conversationslexicon*, das er abschloss und zum Mittelpunkt seines Verlages machte. 1810 zog er nach Altenburg, ab 1814 firmierte sein Unternehmen als Verlag F. A. Brockhaus, 1817 ließ er sich in Leipzig nieder, wo er den Verlag durch eine Buchdruckerei erweiterte.

Friedrich Arnold Brockhaus (Dortmund 1772–1823 Leipzig)

Er ist zwar nicht der Erfinder aber der Begründer eines bis in das 21. Jahrhundert verlegten allgemeinbildenden Universal-Lexikons. Sein Sohn Friedrich Brockhaus (1800–1865) führte das Unternehmen nach dem Tod gemeinsam mit seinem jüngeren Bruder Heinrich (1804–1874) fort, unter dessen Führung auch die für das Zitat zum Waid benutzte Ausgabe stammt:

*__Waid__ (der), deutsch Indig, eine zweijährige und auch im mittleren Deutschland wildwachsende Pflanze, deren Blätter eine gute blau Farbe liefern, daher sie in Deutschland, besonders in Thüringen, schon seit dem 12. Jahrh., außerdem vorzüglich in der franz. Landschaft Languedoc angebaut wird. Der um Erfurt, Gotha, Langensalza, Arnstadt und Tennstädt (welche davon W a i d s t ä d t e heißen) vordem in großem Umfange betrieben Waidbau, dessen jährlichen Ertrag im 16. Jahrh. auf mehr als 300,000 Thlr. geschätzt wurde, kam infolge der Einführung des Indigo aus Ostindien seit Anfang des 17. Jahrh. und mit dessen zunehmender Verwendung immer mehr in Abnahme; da er jedoch bei der Färberei nicht ganz entbehrt werden kann, besteht er in beschränktem Maße noch fort. Der Waid verlangt einen tief bearbeiteten und kräftig gedüngten Boden, wird im Herbst oder Frühling ausgesäet und hat eine tiefeindringende, rübenförmige Wurzel, welche im ersten Jahre viele lange, am Rande gekerbte Blätter treibt, die sich auf der Erde ausbreiten. Diese werden im Laufe des Sommers von dem im Herbst ausgesäeten drei- bis viermal, von dem im Frühling höchstens dreimal dicht über der Wurzel abgeschnitten, indem jedesmal frische hervorkommen, und bilden die eigentliche Ernte. Im zweiten Jahr treibt die Pflanze einen starken Stengel und Blüten, und kann blos zur Samengewinnung benutzt werden. Die geernteten Blätter werden gewaschen, zum Abwelken ausgebreitet und nachher in der Waidmühle möglichst vollständig zerquetscht. In diesem Zustande setzt man sie an einem schattigen und vor Regen gesicherten Orte in mäßig große, spitze Haufen, um sie acht bis zwölf Tage gähren zu lassen, wobei es jedoch nicht zur Fäulniß kommen darf. Nach dieser Zeit wird die ganze Masse tüchtig untereinander gemengt und man formt nun mit der Hand Ballen (W a i d b a l l e n) daraus, welche auf Horden getrocknet und so in den Handel gebracht werden. Der franz. Waid hat vor dem thüringischen einen größern Gehalt an Farbestoff voraus.*

# Zum Waidanbau nach Laurentius Niska 1631

Weyd Bedencken/
Das ist:
Unvorgreifflichen angezeigte wolgemeinte
Ursachen und Mittel/
Wie und warumb dem Lande zu Düringen
vormittelst Göttlicher Verleihung und Segen/ die zuvorhin durch den
Weydbaw und dessen Handel gehabte Nahrung/ widerumb an die Hand
zu geben/ und zu restauriren/ und dadurch Geld in dasselbe zu
bringen/ und einzuführen.
Item/ was durch die untüchtigen Farben vor Schaden
und Betrug/ erwachse/ und dargegen ein jeder Jn: und Außländischer vor
einen Unterscheid und Nutz/ an denen mit Weyd gefärbten
Tüchern/ und Waaren/ in tragung der Kleider/
zu empfinden.
Von einem/ so es durch angewandten Fleiß an die Hand gebracht/
und in Druck verfertiget/ Mit beygefügten Figuren gezieret.

Gedruckt zu Erffurdt/ Durch Tobiam Fritzschen/
Im M. DC. XXXI. Jahr.

Waidtbedencken
das ist,
unvorgreiflichen angezeigte wolgemeinte
Ursachen und Mittel
wie und warum
dem Lande zu Thüringen
vormittelst göttlicher Verleihung und Segen, die zuvorhin durch den Waidtbau und dessen Handel gehabte Nahrung, wiederum an die Hand zu geben, und zu restauriren, und dadurch Geld in dasselbe zu bringen und einzuführen.
Item,
was durch die untüchtigen Farben vor Schaden und Betrug erwachse, und dagegen ein ieder Inn- und Ausländischer vor einen Unterscheid und Nutz, an denen mit Waidt gefärbten Tüchern und Waaren, in Tragung der Kleider zu empfinden.
von einem,
so es durch angewandten Fleiß an die Hand gebracht,
und in Druck verfertiget, mit beygefügten Figuren gezieret.
gedruckt zu Erfurt, durch Tobiam Fritzschen, im 1631. Jahr.

Titelseiten der Originalausgabe (Erfurt 1531) und des Neudrucks (Halle 1752)

Laurentius NISKA (1590–1665) veröffentlichte das genannte Buch mit merkantilischen Zielen. Durch den Export der Waidfarbe sollte Geld nach Thüringen kommen. Das Buch erschien jedoch in den Wirren des Dreißigjährigen Krieges, weshalb die Vorschläge keinen Erfolg haben konnten. In seinem Buch sind 21 Holzschnitte enthalten, die auf anschauliche Weise die wichtigsten Schritte des historischen *Waidanbaus* zeigen. Niska wurde in Wickerstedt (heute Ortsteil von Bad Sulza) geboren und wirkte als Jurist in Leipzig.

(Der Neudruck wurde von der Universitätsbibliothek Tübingen digitalisiert.)

Im Folgenden werden die Holzschnitte mit den dazugehörigen Originaltexten (und falls erforderlich mit kurzen Erläuterungen) wiedergegeben.

- *Allhier wird der Acker mit zwei Pferden gepfluget / wie mit Num 7. bezeichnet / zu befinden.*
- *Allhier wird der Weyd geseet. N. 8.*
- *Allhier wird der Same untergeegt. N. 5.*
- *Allhier wird der Weyd gegeten / und das Unkraut auff beyden Seiten in die Forchen geworffen. N. 6.*

Mit dem abgebildeten schweren Waidpflug, oft von zwei Pferden gezogen, konnte tief gepflügt werden. Die Herbstaussaat erfolgte im November/Dezember, die im Frühjahr nach dem Tauwetter Ende Februar. Der Samen wurde mit einer hölzernen Egge (mit eisernen Zinken) untergeeggt. Per Hand wurden die jungen Waidpflanzen vereinzelt und vom Unkraut befreit.

- *Wird er mit breiten Eisen abgestossen. N. 9.*
- *Wird er zu Hauffen gesamlet. N. 10.*
- *Wird er auffgeladen / und vom Acker ins Wasser geführet. N. 11.*
- *Wird der Weyd vom Wagen abgeladen / daß er gewaschen werde. N. 18. Wird er mit einem Harken ins Wasser geharcket, unter getaucht / und gewaschen. N. 14. Wird er auff einen Rasen getragen / daß er gewelcket werden. N. 13.*

Der erste Schnitt der unteren welken Blätter erfolgte mit dem Waideisen. In Körben gesammelt wurden sie am Feldrand zu Haufen aufgeschüttet und dann mit einem Pferdegespann zur nächsten Waidwäsche gebracht, dort vom Wagen geladen, mit Harken ins Wasser gezogen, untergetaucht, gewaschen und abschließend zum Trocknen auf den Rasen gelegt.

- *Wird er zu Schwaden gerechet / etlich mahl umbgewendet N. 7 und welck gemacht. N. 16. Wird er in einem Tuche zur Weydmühlen getragen / N. 16.*
- *Wird er gemahlen. N. I.*
- *Wird er zu Ballen gemacht. N. 19.*
- *Werden die Ballen auff die Horden gelegt / daß sie ein wenig trucken werden / damit man sie auff und abladen könne N. 2.*

Auf dem Rasen wurden die Waidblätter zu Reihen (*Schwaden*) verteilt, mehrmals umgewendet und so getrocknet (welk gemacht). In der Waidmühle wurden sie zu einem Brei (Waidmus) zerquetscht, dieses mit den Händen zu faustgroßen Bällchen geformt und diese zum Trocknen auf Horden (Lattengestell) aus Holz oder Weidengeflecht gelegt.

- *Werden sie wieder von den Horden abgenommen und auff den Wagen geladen / damit er zum Marckt geführet werden. N. 20.*
- *Stehe etliche Wagen voll Weyd auff dem Marckte / und kommen die Weydkauffer und Kauffen drumb. N. 22.*
- *Wird der Weyd abgeladen / und in Multern durch die Weydknechte auff die Weydböden getragen. N. 21.*
- *Macht sich der Bawr / nach dem er Geldt bekommen / lustig / tantzet mit seiner Greten. N. 4.*

Die Bauern brachten den Ballenwaid mit einem Gespann in die Waidstädte – auf den vom Landesherrn vorgeschriebenen Waidmarkt, der nur zu bestimmten Zeiten abgehalten wurde. Dort kauften die Händler den Ballenwaid von den Bauern,

ließen ihn von Knechten in muldenförmigen Tragen (*Multern*) in die Waidhäuser bringen, wo das blaufärbende Pulver entstand. Offensichtlich lohnte sich die Waidhandel nicht nur für die Händler (mit besonders hoher Gewinnspanne), sondern auch für die Bauern.

- *Wird indessen der Acker mit einer Egen / darauff ein schwer Holz gebunden / auffgereget. N. 12.*
- *Wird der Weyd geschuret / daß die Wurzelnn wider aufschlagen. N. 15.*
- *Wird der Acker mit einer Egen wieder gleich gezogen. N. 17.*

Damit die Wurzeln der Waidpflanze besser ausschlagen konnten, wurde das abgeerntete Feld mit einer Egge durchzogen. Unkraut musste (mit einem Schurreisen) gejätet werden und schließlich der Acker geeggt, um schon bald darauf einen zweiten Schnitt an Blättern zu ermöglichen.

1753–1755 veröffentlichte der Erfurter Christian REICHART (1685–1775), Ratsmeister und Gärtner, Begründer des Gartenbaus in Deutschland, sein sechsbändiges Werk *„Christian Reicharts Land- und Gartenschatz"*, in dem sich auch die Abbildung vom Bauern auf einem Waidacker befindet.

Johann Hieronymus KNIPHOF (1704–1763), Zeitgenosse von Reichart, Arzt und Botaniker, stammte aus Erfurt, besuchte dort das Ratsgymnasium und studierte von 1719 bis 1722 in Jena und Erfurt. Er wirkte als Arzt in Erfurft, wurde Privatdozent für Medizin, 1747 Dekan der medizinischen Fakultät und von 1761 bis 1763 Rektor der Universität Erfurt. 1733 gab er sein Werk *Botanica in Originali* heraus. Es gilt als das erste bedeutendere Werk, das nach der Nomenklatur von Linné gegliedert ist. Er verwendete eine weiter entwickelte Form des Naturselbstdrucks. In seinem Werk ist auch die Waidpflanze abgebildet.

Johann Hieronymus Kniphof

Ausgabe 1759 *Botanica in Originali* (Herbarium Vivum)

Der Text zum Gebrauch der Waidpflanze bei Kniphof (nach einer kurzen Beschreibung der Pflanze) lautet (s. dazu auch Hildegard von Bingen S. 11):

*(...)*
*5. Gebrauch*

*Das Kraut in Wasser oder Wein gesotten und davon betruncken / tödtet die Würme im Leibe, reiniget das Geblüt und thut gut denen Miltzsüchtigen.*

*Die Wurtzel mit Wein gesotten soll die Gelbe sucht vertreiben. Wenn man es in einen Küpffernen Kessel kochet und den Schaum in die Augen thut / soll es Flecken in Augen vertreiben.*

*Das Kraut wird auch in etliche Wund-Pflaster und Wund-Träncke mit genommen,*

*LXXII. Weydt*

*es trucknet und sondert alte faule und flüßige Schäden / stillet das Geblüte, ziehet zusammen, heilet und hefftet frische Wunden / und soll so gar die abgeschnittenenen* tendines *wieder ergäntzen.*

*Aus diesem Kraut hat* ***Wedel*** *häufig ein flüchtig Saltz gemachet. Aus dem Kraut wird eine Asche und Saltz gemachet, welche wie die Potasche zum Färben gebrauchet wird.*

*In gemeinen Wesen machet man aus diesen Kraut eine treffliche blaue Farbe / welche in Thüringen, hauptsächlich in unserer Stadt Erffurt / in alten Zeiten den vornehmsten Theil der Handlung ausmachet.*

Das *Deutsche Gartenbaumuseum* in Erfurt widmet sowohl Reichart als auch dem Waid (mit der Abbildung der Waidpflanze nach Kniphof) Texte im Museumsführer „Die ganze Welt im Garten" (Ausgabe 2003). Auch unter www.erfurt-web.de sind sowohl zu beiden Erfurter Persönlichkeiten Informationen zu finden. Im Stadtmuseum Erfurt ist auch ein Gemälde zu sehen, das Kniphof im Jahr 1759 zeigt. 1867 wurde für Christian Reichart ein Denkmal in der Nähe der Pförtchenbrücke errichtet.

## Aus der Geschichte des Waidanbaus in Thüringen

Der Anbau des Färberwaids beginnt in Thüringen nachweislich im 13. Jahrhundert.

Einleitend werden zunächst die Texte aus einem in Leipzig erschienenen *Waren-Lexikon* von 1870 bzw. der Neufassung von 1920 zitiert:

***Waid*** (Isatis tinctoria*), ein Mitglied der Familie der Kreuzblüthler (Cruciferen), ist eine im südlichen und mittlern Europa (z. B. auf trocknen Uferbergen der Saale) einheimische, zweijährige Pflanze von 2–4 Fuß Höhe, mit graugrünen Blättern und vielen kleinen, in Schirmtrauben stehenden blaßgelben Blüthen, welche schwarze hängende Schötchen bringen. Es ist dies die alte europäische Indigopflanze und war als solche im Mittelalter und bis ins 17. Jahrhundert ein wichtiges Culturobject, dessen Anbau besonders in Thüringen stark betrieben wurde. Durch das Auftreten des fremden Indigo wurde jedoch der Waid zum größten Theil außer Curs gesetzt, denn der indische Farbstoff ist nicht nur wohlfeiler, weil die Indigopflanze daran bei weitem reicher ist als der Waid, sonder färbt auch schöner. Indeß ist der letztere nicht ganz verschwunden, sondern spielt noch bei der Indigfärberei eine Art Dienerrolle und es wird das dazu nöthige Quantum in den alten Culturgegenden in Deutschland, Belgien, Frankreich, England noch gebaut. Beim Blaufärben in der sog. Waidküpe bildet Waidpulver neben Indigo und den andern Ingredienzen einen Bestandtheil und leistet dabei zweierlei, indem es sowohl seinen kleinen Indiggehalt mit hinzuliefert, als vermöge seiner übrigen Bestandtheile eine Gährung unterhält, welche zur Löslichhaltung des Indigs nöthig ist. Der Waidpflanzer nimmt im ersten Jahre einmal, im zweiten zwei- und in günstigen Sommern auch dreimal Blätter ab. Diese werden auf der Waidmühle zermalmt, in Haufen aufgesetzt, nach etwa 24 Stunden zu Handklößen geformt, diese getrocknet und an den Händler verkauft. Letzterer schüttet sie auf einer Tenne etwa 2 Fuß auf. Nach einigen Tagen erhitzt sich die Schicht und fängt an zu rauchen. Durch Besprengen mit Wasser wird der Gährungsproceß noch befördert, welcher mehre Wochen dauert und hier ebenso wie beim Indigo zur Entwicklung des Blaustoffs nöthig ist. Während dieser Zeit zerfällt die Masse völlig wieder zu Pulver, das gesiebt und in Fässer fest eingestampft die Handelswaare bildet. Infolge weiter gehender Umbildungen ist dieselbe nach 5-6jährigem Lagern viel reicher an Farbstoff wie anfangs.*

(Aus: „Neuestes Waaren-Lexikon für Handel und Industrie. Beschreibung der im Handel vorkommenden Natur- und Kunsterzeugnisse, namentlich der Kolonial-, Material-, Droguerie- und Farbwaaren, Mineralien und Bodenprodukte, chemisch-technischer und anderer Fabrikate. Unter Mitwirkung bewährter Fachmänner bearbeitet von Klemens Merck. Leipzig, Verlag von Rudolf Loës. 1870.")

1920 erschien die 7. Auflage von „Merck's Warenlexikon". Darin ist unter dem Stichwort folgender Text enthalten:

*„**Waid** (Färberwaid, falscher Indigo, Fäberscharte, frz. Voudè, engl. Woad), eine zu den Kruziferen gehörige zweijährige Pflanze, Isatis tinctoria L., wurde früher*

*zur Gewinnung des Indigos in großem Umfange angebaut. Schon im 13. Jahrhundert hatten Erfurt, Gotha und Arnstadt die Gerechtsame zum W.-Handel, und 300 thüringische Dörfer widmeten sich ihrem Anbau. Durch den Wettbewerb des Indigos gingen die Pflanzungen immer mehr zurück, und im Jahre 1906 hat auch die letzte Waidmühle Thüringens im Dorfe Pferdingsleben ihren Betrieb eingestellt."*

Der Ort Pferdingsleben liegt im thüringischen Landkreis Gotha und ist heute eine Gemeinde in der Verwaltungsgemeinschaft Nesseaue.
Wie alle mit „leben" im Namen endenden Orte in dieser Region weist der Name auf eine Siedlung um 300 n. Chr. hin. Als *Pertkeslebo* findet sich der Ort zu Beginn des 9. Jahrhunderts in einem Verzeichnis der von Erzbischof Lullus († 796) von Main an das Kloster Hersfeld von Freien verliehenen Gütern. Als Exklave gehörte der Ort zur oberen Grafschaft Gleichen unter der Landeshoheit des Herzogtums Sachsen-Gotha-Altenburg. Die sich als ein Haufendorf entwickelnde Siedlung wurde durch eine Mauer mit drei Toren und einem umlaufenden Graben geschützt. Durch den Waidanbau wurde das Dorf bzw. dessen Bewohner wohlhabend. So entstand auch die repräsentative Kirche St. Ingbert – im Jahr 1483 begonnen. Noch heute sind im Dorf schöne Hoftore und historische Fachwerkgebäude zu sehen. Hier befindet sich auch die einzige noch in Mitteleuropa erhaltene Waldmühle.

Die Waidmühle in Pferdingsleben 1908

Die Waidmühle wurde früher von Zugtieren betrieben. Sie zogen den senkrecht stehenden Mahlstein im Kreis über das in der Mühlpfanne liegende Mahlgut. Es gab im Ort mindestens drei Waidmühlen. Eine zweite, große Waidmühle wurde 1896 auf das Gelände des heutigen *ega-Parks* (Erfurter Garten- und Ausstellungs-GmbH) verbracht. Der letzte Pferdingsleber Waidbauer hieß Ernst Reinhardt. Er lieferte seine Produktion von ca. 2 Tonnen Ballenwaid an den Waidhändler Stadtrat Freund in Erfurt.

1752 veröffentlichte Daniel Gottfried SCHREBER das mit dem Titelbild abgebildete Werk über den Waidanbau in Thüringen.

Schreber wurde am 14. Juni 1708 in Schulpforte geboren. Ab 1732 studierte er an der Universität Leipzig Philosophie und Rechtswissenschaft. Von 1747 bis 1760 lehrte er Philosophie und Kameralwissenschaft an der Universität Halle und von 1760 bis 1764 war er als o. Professor für diese Fächer an der Universität Bützow tätig. Von 1764 bis 1777 hatte er die o. Professur für Ökonomie, Polizey- und Kameralwissenschaft an der Philosophischen Fakultät der Universität Leipzig. Er wirkte ab 1732 auch als Commisionsrath im Hause Sachsen-Weißenfels (Herzogtum von 1656/57 bis 1746) und übernahm später die Administration des Amtes Weißensee in Thüringen. Schreber widmete sein Werk König Friedrich von Preußen, Friedrich dem Großen (s. Abb. nach der Titelseite).

Daniel Gottfried Schrebers,
der Rechte Doctors,
historische, physische und öconomische Beschreibung
des
Waidtes,
dessen Baues, Bereitung und Gebrauchs zum Färben,
auch Handels mit selbigen überhaupt,
besonders aber in
Thüringen.
Mit Beylagen, und einem Anhange dreyer alter Schriften.

HALLE,
In Commißion der Buchhandlung des Waysenhauses, 1752.

Dem
Allerdurchlauchtigsten Großmächtigsten
Fürsten und Herrn,
HERRN
Friedrich,
Könige in Preussen,
Marggrafen zu Brandenburg, des Heil. Römischen Reichs Erz-Cämmerern und Churfürsten; Souverainen und Obersten Herzoge von Schlesien; Souverainen Prinzen von Oranien, Neuchatel und Vallangin, wie auch der Grafschaft Glatz; in Geldern, zu Magdeburg, Cleve, Jülich, Berg, Stettin, Pommern, der Cassuben und Wenden, zu Mecklenburg und Crossen, Herzoge; Burggrafen zu Nürnberg; Fürsten zu Halberstadt, Minden, Camin, Wenden, Schwerin, Ratzeburg, Ostfrießland und Moers; Grafen zu Hohenzollern, Ruppin, der Marck, Ravensberg, Hohenstein, Tecklenburg, Schwerin, Lingen, Büren und Leerden; Herrn zu Ravenstein, der Lande Rostock, Stargard, Lauenburg, Bütow, Arley und Breda. rc. rc.

Meinem
Allergnädigsten Könige und Herrn.

Das Werk von Schreber gliedert sich in folgende Teile:

- *Das erste Hauptstück von dem Waidte überhaupt.*
- *Das zweyte Hauptstück von dem thüringische Waidtbau und Handel überhaupt.*
- *Das dritte Hauptstück von der Erbauung und ersten Bereitung des Waidtes.*
- *Das vierte Hauptstück von der andern Bereitung des Waidtes.*
- *Das fünfte Hauptstück von dem Gebrauche des Waidtes zu Färben.*
- *Das sechste Hauptstück, von dem Verfalle des thüringischen Waidtbaues und Handels, samt einigen Vorschlägen, wie demselben aufzuhelfen sey?*

An die bisher 157 Druckseiten schließen sich noch weitere Teile an, als *Beylagen* bezeichnet:

- *A. Kayserliche Befehle und Reichsgesetze*
- *B. Chursächsische Mandate und Ordnungen*
- *C. Herzogl. sächsische Mandate und Ordnungen*
- *D. Stadtordnungen und andere Urkunden*

Sie richten sich vor allem gegen das Färben mit dem *schädlichen und durchfressenden Indigo* und stammen aus der Zeit ab 1547 (u.a. aus der *Gotha diplomatica* des Historikers Friedrich Rudolphi (1642–1722) aus dem Jahr 1716). Die älteste zitierte Stadtordnung des Rates von Erfurt ist auf das Jahr 1480 datiert.
In den *Beylagen* berichtet Schreber u.a. über das Indigo-Verbot des Kurfürsten Johann Georg I. aus dem Jahr 1654 und auch weiteren Verordnungen, von denen hier einige *chursächsische* genannt werden sollen:

- *Policeyordnung des Churfürstens August vom Jahre 1555. daß die von Adel auf den Dörfern keinen Waidthandel treiben sollten.*
- *Des Churfürstens Johann George I. Mandat vom Jahre 1654. den Indigo und dessen Verbot betreffend.*

Aus dem Lateinischen (bzw. Französischen übersetzt schließen sich folgende Auszüge an:

- aus der Schrift von Georg Wolfgang Wedel: *von dem flüchtigen Salze der Pflanzen; die Beschreibung, Bereitung und den Nutzen des Waidtes betreffend... VI. Capitel Darinnen beyläufig von der Beschreibung und Bereitung des Waidtes gehandelt wird*
- *Hellot (...) Die Bereitung und den Bau des Waidtes in Frankreich betreffend, mit einigen Anmerckungen;* und *die Waidküpe betreffend*
- Und schließlich auch die Veröffentlichung von Heinrich Crolach: *Isatis Herba* von 1555 (s. entsprechendes Kapitel).

Georg Wolfgang WEDEL (1645–1721), Golzen (Sachsen, Bezirk Merseburg) geboren, war Arzt und Alchemist. Er hatte die kurfürstlich sächsische Landesschule Pforta besucht, ab 1661 in Jena Medizin studiert, praktizierte ab 1667, war zunächst Stadtphysikus in Gotha, promovierte 1669 zum Dr. med. in Jena und war ab 1673 Professor der Medizin in Jena. Als Alchemist galt er, weil er noch Anhänger der Alchemie war. Er beschäftigte sich aber auch mit der Chemiatrie (als Vorläuferin der pharmazeutischen Chemie) und mit der praktischen Chemie.

Jean HELLOT (1685–1766) war ein französischer Chemiker. Nach einem Studium in Paris und einer Studienreise durch England wurde er 1740 Generalinspekteur der französischen Färbereien. Er gilt als der erste französische Industriechemiker. Ab 1751 war er auch technischer Berater der Porzellanfabrik in Sevres. Sein Hauptinteresse galt jedoch der Färberei und er entwickelte eine Färbetheorie. Sein 1750 erschienenes Buch *L'Art de la teinture...* war das erste wissenschaftliche Werk zur Färberei. Sein Werk wurde von dem Göttinger Professor der Naturlehre und Mathematik Abraham Gotthelf Kästner (Leipzig 1719–1800 Göttingen) bereits 1751 ins Deutsche übersetzt.

Georg Wolfgang Wedel

In der Vorrede zu seinem Werk berichtete Schreber auch über eigene Versuche zur Gewinnung des Indigos aus Waid: *...Zur Bezeigung dessen bekenne ich hiermit aufrichtig, daß ich zwar sowohl selbst, als durch einige Freunde, denen ich das Nöthige dazu an die Hand gegeben, vielerley Versuche gemachet; iedoch keinen andern und kürzern Weg, zu dieser Farbe zu gelangen, finden können, als daß man mit dem Waidte eben so, wie mit dem Anil* [= Indigo], *verfähret: nemlich daß man die frischen Blätter des Waidtes im Wasser gähren und faulen lässet; hernach das mit dem Salze der Pflanze geschwängerte Wasser aus dem Fäulungstroge abziehet, wohl schläget, und wenn sich die färbenden Theile alsdenn auf dem Boden gesetzet haben, das oben auf stehende Wasser davon wieder ablaufen, und die Farbe trocknen lässet. Ich kann die Proben von dieser neuen Farbe noch nicht für ganz vollkommen ausgeben; indessen bin ich doch dadurch schon überzeuget worden, daß es eine mögliche Sache sey, eine dem Indigo ähnliche Farbe aus dem Waidte heraus zu bringen; und das nicht allein, sondern auch, daß solche Farbe den Indigo, an der Güthe, noch übertreffen müsse. Einem Manne, der Kenntniß von der dazu nöthigen chymischen Wissenschaft hat, und den Geruch, welcher mir empfindliche Kopfschmerzen verursachet, vertragen kann, wird es nicht schwer fallen, die Erfindung dahin zu bringen, daß wir Indigo zum Färben ganz entbehren können.*

Herrn Hellot,
Mitglieds der Königl. Akademie der Wiſſenſch. zu Paris
und der Kön. Geſellſch. zu London,
Färbekunſt,
oder
Unterricht
Wolle und wollene Zeuge zu färben;
Nebſt Vorſchriften
wegen der Prüfungen durch Abſieden.
Aus dem Franzöſiſchen überſetzt
von
Abraham Gotthelf Käſtner,
Matth. P. P. E. zu Leipzig, der Kön. Preuß. Akad. der Wiſſenſch. der K. Götting. Geſ. der Wiſſ. und des Inſtit. Bononienſ. der Jen. latein. und der Leipz. u. Jen. deutſch. Geſ. Mitgliede.

Altenburg, bey Paul Emanuel Richtern, 1751.

Im Anschluss an seine Vorrede *(Halle den 20. November 1751)* finden sich in seinem Werke auch drei Abbildungen der Pflanze, die jedoch nicht näher beschrieben werden.

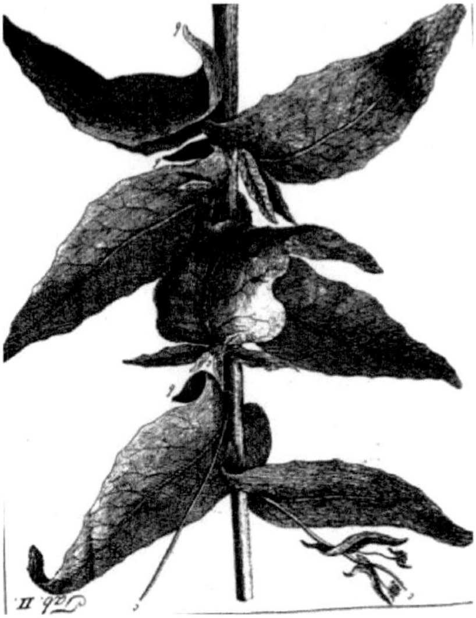

Aus Urkunden der *Thüringer Landgrafen* ist belegt, dass ein großflächiger Anbau des Färberwaids in Thüringen im 13. Jahrhundert begann. In einigen Regionen Mittelthüringens stellte sich die Landwirtschaft auf den Anbau von Färberwaid und auch Flachs um, die beide höhere Gewinne als Getreide erwirtschaften. Das landwirtschaftliche Anbausystem beruhte damals auf der *Dreifelderwirtschaft* (seit dem 8. Jahrhundert – Fruchtfolge Wintergetreide, Sommergetreide sowie beweidete Brache). Der Anbau wurde insoweit angepasst, dass die Spezialkulturen im Wechsel mit Getreideanbau erfolgten.
In Thüringen konnten insgesamt 140 Waidmühlsteine (s.o. – und unter Erfurt als Waidstadt) nachgewiesen werden – das bedeutet: An dieser Orten befanden sich auch Anbaustätten. Hier wurden *Halbfabrikate* hergestellt – in Form faustgroßer Waidbällchen. Diese wurden in den Waidstädten zum Waidpulver weiterverarbeitet und bildeten die Grundlage zu Waidmanufakturen.
Die Waidmühlen, die meist Eigentum der Gemeinden waren, erhielten von den Waidbauern die angewelkten Waidblätter. In den Mühlen wurden sie zu einer breiartigen Masse zerquetscht und zerrieben.

Abbildung einer Waidmühle aus *Schrebers Werk*

Das trockene und warme Klima des Thüringer Beckens, wo kalkhaltige und tiefgründige Keuper- und Muschelkalk-Verwitterungsböden mit einer Lößauflage vorherrschen, begünstige die Erzeugung von Waid mit hoher Qualität. Zwischen den Städten Erfurt, Langensalza, Gotha, Arnstadt und Weimar entstand im Spätmittelalter ein geschlossenes Waid-Anbaugebiet. Auch war diese Region an wichtige Handelsstraßen in Ost-West-(Via regia) und Nord-Süd-Richtung angebunden, was für den Fernhandel besonders wichtig war.
Der Waidanbau begann mit einem Furchenziehen auf dem dafür bestimmten Acker. Es wurden tiefe Rinnen ähnlich wie beim Gurkenbestellen gebildet. Die breitwürfige Aussaat erfolgte meist im Dezember. Waid wurde hauptsächlich als Winterfrucht bestellt. In die Furchen legte man die Samen und mit Erde abgedeckt trieb die Pflanze im Frühjahr eine Blattrosette, die sich über dem Erdboden ausbreitete – mit Blättern, die schmalen Rübenblätter ähnlich sehen. Während dieser Zeit musste – um ein unkrautfreies Erntegut zu erhalten – ausgedünnt und gejätet werden. Der Erntevorgang wird als ein Abstoßen der Blätter mit einem Waideisen in knieender Körperhaltung beschrieben, wobei auf den Zusammenhalt der Blätter als Büschel geachtet werden musste, andererseits der Wurzelkopf nicht verletzt werden durfte. So wurden die Voraussetzungen für eine zweite und sogar dritte Ernte geschaffen.

In den etwa 300 thüringischen Gemeinden mit Waidanbau wurden die Blätter des Färberwaids im Juni in Körben gesammelt und zunächst an einem Bach gewaschen. In Auf dem Waidanger selbst oder auch einer Wiese wurden sie dann zum Trocknen ausgelegt. Erst dann wurden sie zur Waidmühle gebracht.
Eine Waidmühle bestand aus einem aufrecht laufenden Mühlstein von etwa 1,5 m Durchmesser, dessen Lauffläche wie ein Zahnrad am Rand gezähnt war. Dieser Mühlstein lief in einer Rinne, in denen sich die Waidblätter befanden. auf ein kreisförmigen Tenne aus Steinplatten mit einem Durchmesser von 3–4 m, angetrieben durch Pferde. Durch die Mitte des Mühlsteins war ein Balken gezogen, der zentral mit einem weiteren drehbaren Balken verbunden war. Die Pferde wurden an dem über den Waidstein herausragenden Teil des Querbalkens angespannt und zogen dann den Waidstein im Kreis.
Frauen konnten nach dem Zerkleinern und Zerreiben von Hand ungefähr faustgroße Waidballen bilden, die im Hintergrund der Abbildung aufgestapelt zu sehen sind. Dieser Ballenwaid wurde dann von Waidhändlern aufgekauft und in ihren Waidhäusern eingelagert.

Im *Magazin für Färber, Zeugdrucker, und Bleicher (...),* herausgegeben von Sigismund Friedrich HERMBSTAEDT, 1. Band (Berlin 1802) erschien der Bericht des ***Steuer-Revisors Hagenbruch zu Langensalza*** *„Ueber Thüringer Farbestoffe, vorzüglich den Waid..."* (S. 295ff)
Darin ist u.a. über den Anbau in Thüringen um 1800 zu lesen:

*Nicht alle Gegenden sind zum Anbau des Waids vortheilhaft, so dieses Kraut einen fetten, wohl gedüngten, gut geackerten, nicht zu schweren, und nicht zu leichten Boden, allerdings erfordert, so wie er in den Herzoglich Gothaischen Dörfern Eschenberge, Friemar, Walschleben, Pferdingsleben, Warze, Hausen, und Fendorf beschaffen ist, wo der Waid noch jetzt einzig und allein in Thüringen gebauet wird.*

*(...) In Erfurth, und dem Gothaischen Dorfe Malschleben, geschiehet die Bereitung des Waides durch Tagelöhner; in Langensalze aber (nicht Neusalza, ...) sind dazu geschworene und gelernte Waidbereiter vorhanden; und aus eben dem Grunde wird der Langensalzer Waid von allen Schönfärbern für den besten gehalten.*

*Sey es nun, daß die längere Bereitung, oder das mit vielen Kalk, und Salpetertheilen geschwängerte Langensalzer Wasser, viel zu der besonderen Güte beiträgt, so ist es doch ausgemacht gewiß, daß der Langensalzer Waid in der Küpe mehrere Wirkung, als jeder andre thut....*

Aus der genannte Schrift *Gotha diplomatica* von Rudolphi ist zu entnehmen, dass der Waidhandel vor allem den Städten Gotha und Erfurt im 16. Jahrhundert großen Nutzen gebracht habe – *daher auch die annoch vorhandene ansehnliche steinerne Gebäude, welche die Waidthändler aufgeführet.*

In den genannten (und zum Teil zitierten Gesetzen und Verordnungen wird bereits deutlich, dass sich die Waidhändler gegen die Einfuhr und den Einsatz von eingeführtem Indigo wehren mussten.
Der Niedergang des Thüringer Waidanbaus und Waidhandels begann schon im 17. Jahrhundert. Die Gründe dafür waren einerseits die Verdrängung des Waids durch den Indigo andererseits aber auch eine zunehmende Bodenunfruchtbarkeit, da man inzwischen auf den Fruchtwechsel verzichtete und kontinuierlich Waid anbaute und sich Schädlinge sowie Unkraut ausbreiteten. Die Folge war ein sinkender Ertrag und eine abnehmende Qualität. Und schließlich begannen sich auch die Wirren des Dreißigjährigen Krieges auszuwirken.
Der Waidhandel wurde in Arnstadt 1627 eingestellt; in Langensalza wurde die Waidgilde erst 1811 aufgelöst. 1629 waren in Thüringen nur noch 30 Dörfer mit einem Waidanbau verzeichnet. Vor dem Krieg (1618–1648) zählte man in Erfurt noch 79 Waidhändler, 1648 nur noch 19. Die Einwohnerzahl schrumpfte von ca. 20 Tausend auf 13 Tausend. 1747 betrieben nur noch drei Erfurter und zwölf Gothaer Dörfer Waidanbau, 1802 nur noch sieben.
Der Siegeszug des billigeren Indigos war nicht aufzuhalten und am Ende des 19. Jahrhundert war die chemische Industrie in Deutschland nach der Synthese von Baeyer 1880 auch in der Lage, ab 1897 diesen bedeutenden Farbstoff auch großtechnisch herzustellen.

(s. auch Thüringer Naturbrief 2016 unter www.thueringer-naturbrief.de)

# Die fünf Thüringer Waidstädte: Erfurt, Arnstadt, Gotha, Langensalza, Tennstedt

Im spätmittelalterlichen und frühneuzeitlichen Thüringen hatten nur fünf Städte das Recht, auf ihren Märkten mit Färberwaid zu handeln. Es handelte sich um ein Privileg, in dem Handel von Färberwaid durch Händler geregelt war. Da dieser Handel überaus gewinnbringend war, brachten es die Waidstädte auch zu einem hohen Wohlstand.

Johann Carl Leuchs berichtete in seinem Buch *„Vollständige Farben- und Färbekunde oder Beschreibung und Anleitung zur Bereitung und zum Gebrauche aller färbenden und farbigen Körper* (Nürnberg 1825, 1. Band) zum WAID:

*...In Deutschland wurde er besonders in Thüringen gebaut. Um Erfurt war sein Anbau im 13ten Jahrhundert allgemein, so daß die Erfurter 1290 auf den Plätzen mehrerer von ihnen zerstörter Raubschlösser Waid ausstreuten, „zum Andenken, daß Erfurter da gewesen wären." Fünf Oerter hatten das Recht, den Waid vollends zuzubereiten und damit zu handeln, nämlich* Gotha, Erfurt, Langensalza, Tennstedt *und* Arnstadt, *und wurden deshalb die* fünf Waidstädte *genannt...*

## ERFURT

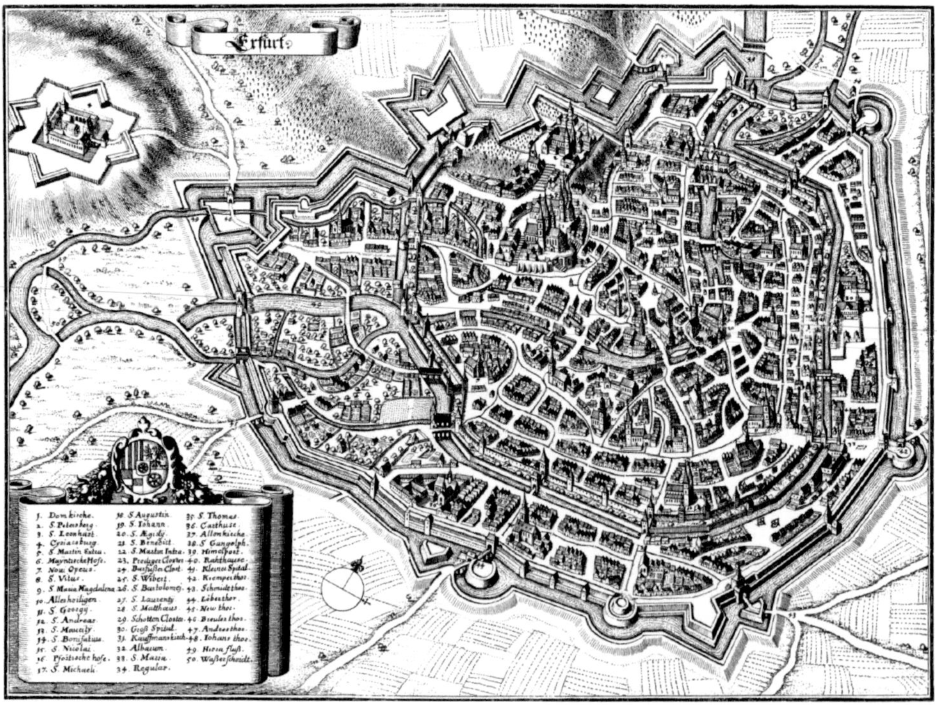


Erfurt in der Merian-Topographie 1644

ERFURT war die führende Waidhandelsstadt, deren Reichtum sich über mehrere Jahrhunderte vor allem auf den Waidhandel gründete. Seit dem 15. Jahrhundert nahm die Stadt auch an den Handelsmessen in Leipzig und Frankfurt am Main teil. Es wird auch angenommen, dass die Gründung der Universität 1392, für welche die Erfurter Bürger die Kosten aufbringen mussten, infolge des Reichtums durch den Waidhandel zumindest begünstigt, wenn nicht sogar erst möglich wurde. Die großen Steuereinnahmen durch den Waidhandel ermöglichten es der Stadt, Landbesitz in ihrem Umfeld zu erwerben und Dörfer in ihr Stadtgebiet einzugliedern. Angeboten wurde Ballenwaid seit 1351 auf dem *Anger*. Außer an Sonn- und Feiertagen konnte täglich vom Trinitatis (1. Sonntag nach Pfingsten) bis Michaelis (29. September) mit Waid gehandelt werden. Er wurde mit dem Schlag der Waidglocke eröffnet.
Der *Anger* gilt als der zentrale Platz der Stadt Erfurt. Er befindet sich im Südosten der Stadt zwischen Dom und Hauptbahnhof. 1196 wurde dieser Platz innerhalb der Stadtmauern erstmals in einem Schriftstück genannt. Vom 14. bis 17. Jahrhundert wurde auf dem östlichen Teil des Platzes ausschließlich mit Färberwaid gehandelt.
In ihrem „Waid-Roman Blaues Gold“ (2015) berichtet die Erfurter Stadtführerin Alice *Frontzek* fundiert und spannend geschrieben vom Waidhandel in Erfurt um 1630. Sie gibt auch an, dass 2013 die italienische Restauratorin Rosanna Minelli aus Genua in ihrem Laden auf der berühmten *Krämerbrücke* (Nr. 2 – mit dem Schild *Erfurter Blau* über der Tür) auch den Farbstoff aus dem Färberwaid anbietet (www.apiscolori.com).

Viele Urkunden und Aufzeichnungen berichten über die führende Rolle Erfurts als Stadt des Waidhandels. Die Bauern aus der Umgebung und auch aus weiteren Orten des Thüringer Beckens mussten den Waid nach Erfurt liefern. Kauf und Verkauf waren nur den dortigen Handelsleuten erlaubt. In einem Zunftbrief von 1351 heißt es u.a.: *...en sal och nymand andirswo koufen walt als off dem markte...* – keiner dürfen Waid verkaufen bzw. kaufen als auf dem Waidmarkt – von Juni bis September. Dort wurde auch die Qualität geprüft, indem man Proben auf Papier oder Stein rieb. Je dunkler der Farbton ausfiel, desto besser war die Waidqualität – und umso höher der Preis. Vier von der Stadt vereidigte Waidmesser zogen sowohl von den verkaufenden Bauern als auch von den kaufenden Waidhändlern Abgaben ein. Die als Halbfabrikate erworbenen Waidballen wurden in den Waidhäusern eingelagert, im Herbst und Winter zu Pulver weiterverarbeitet. Dafür wurden bei den Waidhändlern in Lohnarbeit – und von einem Waidmeister beaufsichtigte – Waidknechte eingesetzt. Danach fand die in folgenden Kapiteln noch ausführlicher besprochene Gärung der Trockenmasse nach dem Zusatz von Wasser und Urin statt. Das am Ende des Prozesses gewonnene Indigopulver füllt man in Holzfässer, versah diese mit dem Wappen der Stadt Erfurt und auch den Händlermarken und lieferte sie zu Handelsorten in ganz Europa.

Im ausgehenden Mittelalter setzten die *Waidjunker* durch, dass niemand von auswärts Waid kaufen durfte, als Erfurter Bürger. Als Waidjunker galt (bzw. durfte diesen mit diesem Titel Waidhandel treiben), wer als Stadtbürger von Erfurt über ein Jahreseinkommen von mehr als 1000 Talern verfügte. Offensichtlich hatten in dieser Zeit auch Rechenmeister viel zu tun. Der bekannteste unter ihnen war Adam Riese (1492–1559), der in Erfurt 1518 sein erstes Rechenbüchlein drucken ließ.
Um diese Zeit setzte jedoch auch langsam der Niedergang der europäischen Waidproduktion durch den Aufschwung des Ostindienhandels ein. Die indische Indigopflanze wurde zur gefährlichen Konkurrenz. Um 1600 wurde in Thüringen noch in 300 Dörfern Waidanbau betrieben – um 1630 waren es nur noch 30 Dörfer und der Verlauf des Dreißigjährigen Krieges trug dann noch zum weiteren Niedergang entscheidend bei.

Der zuvor zitierte Johann Carl Leuchs berichtete in seinem *Waaren-Lexicon* in einer Fußnote: *1616 wurde noch in 300 Dörfern für 3 Tonnen Goldes Waid gebaut, 1629 nur noch in 30 auf 675 Aeckern (früher auf 15000). 1793 führte Erfurt für 8000 Thaler Waid aus (1621 hatte blos die Stutternheimische Handlung daselbst für 136,000 fl. Waid und Waidindigo ausgeführt).*
Und Leuchs stellte auch fest, dass es in Nürnberg, wo er selbst tätig war, ein *Waidhaus oder Waidstadel* gegeben habe, *wohin aller in die Stadt kommender (Thüringer) Waid zur Untersuchung gebracht werden mußte.*

In Erfurt erinnern noch heute das vor dem *Deutschen Gartenbaumuseum* in der Cyriaksburg auf dem *egapark* aufgestellte, gut erhaltene Exemplar eines Waidmühlrades und auch ein typisches Waidjunkerhaus, das Stadtmuseum „Haus zum Stockfisch“, ein Renaissancegebäude in der Johannesstraße, das ab 1607 für den Waidjunker und Biereigner Paul Ziegler erbaut wurde.
An die Tradition des Waidhandels in Erfurt erinnern weitere Häuser in der Altstadt – wie die des Theaters Waidspeicher (Domplatz 18) oder die Dachböden der Häuser „Zum Roten Ochsen“ (Baujahr 1562; Fischmarkt 7), „Zum Breiten Herd“ (Baujahr 1584; Fischmarkt 11), „Zum Paradies und Esel“ (hinter dem Rathaus am Fischmarkt, Fachwerkhaus von 1469) oder „Zur Windmühle“ (in der Nähe des Domplatzes, Allerheiligenstraße 6).

## Orte mit Zeugnissen des Waidanbaus in Thüringen um Erfurt

(Angaben des Heimatvereins Hochstedt e.V., Verein für Geschichte, Kultur und Tradition – 2005–2015)

**Apfelstädt** (hist. Waidmühlstein) – **Azmannsdorf** (hist. Waidmühlstein als Denkmalstein genutzt) – **Bechstedtstraß** (hist. Waidmühlstein u. Nachbildung einer Waidmühle mit hist. Stein) – **Bindersleben** (hist. Waidmühlsteine durch eine Achse verbunden) – **Dielsdorf** (hist. Waidmühlstein als Bestandteil eines Denkmals) – **Dienstedt** (hist. Waidmühlstein mit Holzachse) – **Erfurt** (s.o./hist. Waidmühlstein vor dem Eingang zum Thüringer Museum für Volkskunde) – **Friemar** (hist. Waidmühlstein) – **Großmölsen** (Nachbildung einer Waidmühle/Denkmal mit hist. Stein) – **Hausen** (hist. Waidmühlstein) – **Hayn** (hist. Waidmühlstein u. Nachbildung einer Waidmühle mit hist. Stein) – **Hetschburg** (hist. Waidmühlstein, mit vermutl. Hist. Randsteinen der Tenne) – **Hochstedt** (hist. Langsteine einer Waidmühle, Nachbildung eines Waidmühlsteines)/ **Heimat- und Waidmuseum**, Am Bürgerhaus 1 (www.hochstedt.de) – **Hopfgarten** (hist. Waidmühlstein) – **Isseroda** (hist. Waidmühlstein vor der Kirche) **– Kannawurf** (hist. Waidmühlstein am Schloss) – **Kleinmölsen** (Nachbildung einer Waidmühle mit hist. Stein) – **Linderbach** (hist. Waidstein zum Denkmal umgearbeitet) – **Molschleben** (Nachbildung einer Waidmühle mit hist. Stein, Langstein u. Tenne, Gebäude einer ehemaligen Waidfabrik) – **Mönchenholzhausen** (zwei hist. Waidmühlsteine) – **Neckeroda** (Nachbildung einer Waidmühle mit hist. Stein) – **Neumark** (hist. Stein als Denkmal) – **Neudietendorf** (Nachbildung einer Waidmühle mit hist. Stein) – **Niederzimmern** (hist. Waidmühlstein als Bestandteil einer Mauer als Denkmal) – **Obergrundstedt** (hist. Waidmühlstein) – **Obernissa** (Nachbildung einer Waidmühle mit hist. Stein) – **Olbersleben** (hist. Waidmühlstein) – **Ollendorf** (hist. Waidmühlstein) – **Ottmannshausen** (zwei hist. Waidmühlsteine) – **Pferdingsleben** (hist. Waidmühle mit Waidstein, Tenne und Langsteinen) – **Ramsla** (hist. Waidmühlstein) – **Rohrborn** (hist. Waidmühlstein, hist. Langsteine – rekonstruierte Waidmühle) **– Schoppendorf** (zwei hist. Waidmühlsteine) – **Sömmerda** (Nachbildung einer Waidmühle) – **Sprötau** (hist. Waidmühlstein) – **Stedten** (hist. Waidmühlstein) – **Utzberg** (vier hist. Waidmühlsteine als Denkmal) – **Vogelsberg** (hist Waidmühlstein) – **Weißensee** (zwei hist. Waidmühlsteine).

(Literatur: W. Hebeler und H.E. Müllerott, Denkmale des Waidanbaus in Thüringen mit Angaben zur territorialen Zugehörigkeit um 1500 – als Zusammenfassung der Diplomarbeit von H. Müllerott, 2. Aufl. 1993)

# GOTHA

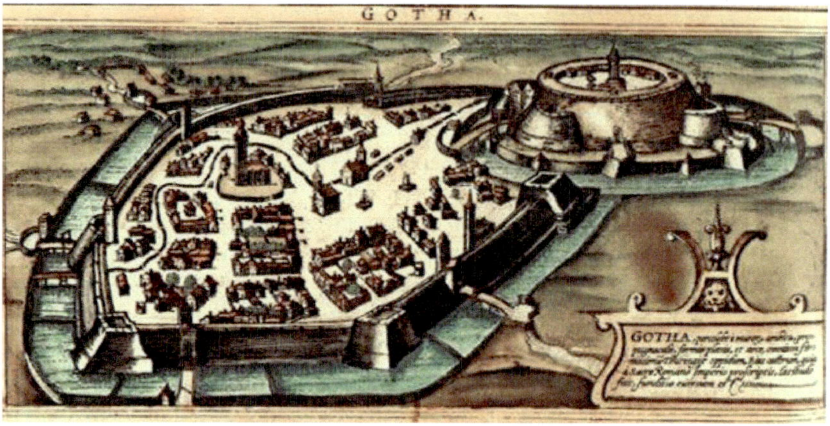


Gotha 1572

Die erste urkundliche Erwähnung von Gotha stammt aus einer Schenkungsurkunde Karls des Großen an das Kloster Hersfeld vom 25. Oktober 775, die in Jülich ausgestellt wurde. In dieser Urkunde übereignete Karl der Große dem Kloster auch den Zehnten von den Ländereien, Wald und Wiesen der *Villa Gothaha* (bedeutet *gutes Wasser*). Der Ort erhielt in einer Urkunde des Landgrafen Ludwig II. (1128–1172) das Eisenacher Stadtrecht. 1247 ging die Landesherrschaft von den Thüringer Landgrafen an die Wettiner über. Gotha entwickelte sich zu einem zentralen Marktort und zu einer Etappenstation an der *Via Regia* (in West-Ost-Richtung) und an einer Verbindung von Mühlhausen über Langensalza zum Übergang über den Thüringer Wald bei Oberhof (Nord-Süd-Richtung).

Gotha wurde zu einer der Hauptmünzstätten der Landgrafen und entwickelte sich im Schutz der Burg Grimmenstein. In ihrer Geschichte war auch lange Zeit der Waidhandel die Grundlage für einen gewissen Wohlstand, womit auch ein Schwerpunkt der handwerklichen Gewerbe, die Wolltuchproduktion, in Verbindung stand.

1537 wurde von Gotha aus den Dörfern um die Stadt der Handel mit Waid untersagt. Herzog Johann Friedrich der Mittlere verbot 1552 den Dörfern allen Handel mit Waid durch eine herzogliche Verordnung. Die Bauern mussten allen Waid *nach Gotha zu Markte bringen.*

Herzog Johann Friedrich II. (1529–1595)

## LANGENSALZA

Johann Carl Leuchs (1797–1877, techn. Schriftsteller, Verleger) schrieb 1826 in seinem in Nürnberg erschienenen Werk *Allgemeines Waaren-Lexicon oder vollständiger Waarenkunde...* über Waid u.a.:
*...Im Handel unterscheidet man vornämlich* südfranzösischen und thüringer *oder* langensalze *Waid; ersterer ist etwas farbreicher. Der Langensalzer ist in Fässern die 18 und 12 Nordhäuser Scheffel enthalten, und auf deren obern Boden das langensalzer Stadtwappen, drei Thürme, der Buchstaben L. S. und der Anfangsbuchstabe des Fabrikanten eingebrannt ist. Durch den obersten und untersten Reif des Fasses ist ein bleierner Nagel gezogen, und auf diesen die auf dem Boden eingebrannte Scheffelzahl eingeschlagen. Der Waid wurde früher sehr häufig zum Blaufärben genommen. Seitdem er aber durch den bequemer anzuwendenden Indig verdrängt wurde, dient er vornämlich nur noch als Zusatz zur Indigküpe, wo er theils entsauerstoffender, theils als färbender Körper nützlich ist.*
In Bezug auf den Waidhandel sind in der bereits vorgestellten wissenschaftshistorisch wichtigsten Enzyklopädie des 19. Jahrhundert von Krünitz (Band 64 – [1]1794) unter dem Stichwort *Langensalza* folgende Einzelheiten auch zur Organisation zu lesen:

***Langensalza,** Langensalze, oder auch nur schlechthin Salze, L. Lonogsalissa, oder Salissa, die Haupt=Stadt im sächsischen Thüringen, liegt in einer sehr fruchtbaren Gegend...*

*Die Stadt hat ihre vorzügliche Nahrung vom Handel mit den herrlichen Producten, die der benachbarte Boden in reichem Maße hervorbringt, und mit verschiedenen Waren, die in und um Langensalze fabricirt werden. Unter jene gehören Korn und Waid, welcher in den benachbarten Dörfern erzeugt, in der Stadt aber in einer dazu angelegten Mühle gestampft und ferner zubereitet wird. Ehe noch der Indigo den Waid verdrängte, versah Langensalze, wo die Waid-Negoti-*

*anten* [-Kaufleute] *seit 1657, eine eigene ausschließende Innung unter dem Nahmen der Waid-Gilde ausmachen, halb Europa mit jener nützlichen Farbe (*).*

*(*) Vom 11 bis ins 16te Jahrh. blühete der Waid=Bau in Thüringen. Unter 300 Dörfern nährten sich damahls vom Anbau des Waids, der in den fünf großen Waid=Handels=Städten, Langensalze, Erfurt, Gotha, Tennstädt und Arnstadt, zur Farbe zubereitet, und durch ganz Europa debitirt wurde. Schon im 12ten Jahrh. hatte Görlitz die Stapel=Gerechtigkeit von dem aus Thüringen kommenden Waid.*

*Aus den Waid Negotianten werden alle drey Jahre zwey Depurtirte gewählt. Kein Kaufman darf, bey schwerer Strafe, zur Bereitung des Waides mehr, als den Einkauf desselben, beytragen; dagegen verrichten das übrige drey dazu verpflichtete Leute, welche Waid=Knechte oder Waid=Bereiter genannt werden. Der Waid muß 6 Monate in seiner Bereitung auf dem Boden liegen, ehe er verpackt wird. Die Verpackung geschieht durch die Waid=Knechte zu Ende des Aprils, nachdem derselbe vom herbste an, in Bereitung gelegen hat, und zwar in Fässern zu 8, 10 bis 12, auch 14 Scheffel* [s. dazu auch weiter oben – aus Leuchs Warenkunde], *davon erstere in das Reich, insonderheit nach Nürnberg und Frankfurth, die andern nach Amsterdam, Bremen und Hamburg, und die letztern nach Leipzig, Schlesien, Böhmen und Oestreich etc. gehen. (...)*

*Zu der guten Zurichtung des Waides trägt das obgedachte[1)] durch die Stadt laufende Quell Wasser ein vieles bey; daher der langensalzes Waid unter allem deutschen Waid für den besten gehalten wird, und dessen Vertrieb durch ganz Deutschland geht, und auch sogar nach Amsterdam, wo er allem von andern Orten kommenden Waid vorgezogen wird.*

1) *Mitten durch die Stadt läuft das Flüßchen Gülke oder Gulke, welches in derselben sowohl, als in ihrem Weichbilde, 21 Mühlen treibt, in welchen sich 50 Gänge befinden. Dieses Flüßchen bekommt, sobald es die am Ende der Stadt liegende Spende=Mühle vorbey gestrichen ist, den Nahmen der Salza, welche bey dem Dorfe Merrleben, eine Viertelstunde unter der Stadt, sich mit der Unstrut vereinigt.*

Das genannte *Stapelrecht in Görlitz* entstand 1339 im Zusammenhang mit dem bedeutenden Tuchgewerbe in der Oberlausitz und in Schlesien. Waidhändler (auch Waidgäste genannt) aus Thüringer waren daran gebunden, ihre Produkte, die in die Markgrafschaft Oberlausitz gelangten, für vier Wochen in Görlitz zu lagern und zum Verkauf anzubieten. Erst danach durften die Thüringer Händler den nicht verkauften Waid nach Schlesien und Polen liefern. Verbunden war mit dem Stapelrecht sogar die Benutzung vorgeschriebener Straßen für den Transport. Als Rückfracht wurden Wachs, Leder und Tuche von den Waidhändlern nach Thüringen gebracht. Ab der zweiten Hälfte des 15. Jahrhunderts waren die Thüringer Waidhändler durch Handelsdiener in Görltiz vertreten, die bei ihnen in einem Lohnverhältnis standen. Im 16. Jahrhundert entstanden dann Handelsniederlassungen (Faktoreien).

Die Salza entspringt der Großen und Kleinen Golke, zwei Karstquellen südwestlich von Uffhoven. Sie fließt durch Bad Langensalza, teilt sich in zwei Arme auf und mündet zwei Kilometer östlich der Stadt an der Kallenbergsmühle in die Unstrut.

Im *Journal für Fabrik, Manufaktur, Handlung und Mode, Band 11* (Leipzig 1802) ist u.a. (s. 363) zu lesen:
*Schon im Jahr 1654 bildeten die Langensalzer Waidherren eine eigene G i l d e, deren Artikel von A u g u s t, Herzog zu Sachsen, den 27. November 1668 bestätiget und im Jahre 1717 den 14. April, von C h r i s t i a n, Herzoge zu Sachsen, wieder erneuert wurden. Nach solchen ist es hauptsächlich keinem andern Kaufmann als einem Waidherrn, daß heißt keinem andern als einem solchen, der sich entweder in die Waidgilde gekauft, oder durch Erbrecht in solche gekommen ist, erlaubt, mit Waid zu handeln. Ungeachtet indessen die Gilde einige 40 Mitglieder stark ist, beschäftigen sich dennoch an diesem Geschäfte nicht mehr als die Herren Johann Christ. Weis Söhne und Komp., Christian Ernst Polex, Auerbach sen., Johann Friedrich Dürfeld, Auerbach jun., J. C. Kelschenbach und Herr Apotheker Reisig. Die jährliche Ausfuhr kann man auf 1900 bis 2000 Faß rechnen, wo gewöhnlich das 8-Schefel-Faß zu 5 und das 12-Schefel-Faß zu 6 ½ bis 7 Rthlr. verkauft wird.*

## ARNSTADT

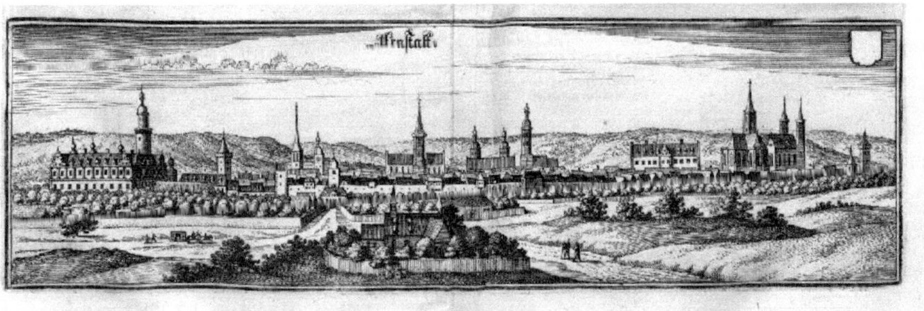

Aus Stadtrechnungen von Arnstadt ist feststellbar, dass sich die Stadt nach dem Vorbild von Erfurt ab 1434 bemühte, in das Waidgeschäft einzusteigen. Schon ab 1304 ist der Anbau von Waid in der Umgebung von Arnstadt belegt. Zwischen 1499 und 1629 sind in Arnstadt etwa 50 Waidhäuser nachweisbar, von denen jedoch nur das Haus An der Weiße 3 nahezu unverändert erhalten blieb. Es stammt vermutlich aus der Zeit vor 1566. Es handelt sich um ein zweigeschossiges (unter Denkmalschutz) stehendes Gebäude ohne Keller mit Außenwänden aus Kalkbruchsteinen. Das *Haus zum Palmbaum* am Marktplatz wird als typisches Waidhändlerhaus bezeichnet – in der Stadtchronik jedoch allgemein als Patrizierhaus im Stil der Renaissance von 1585 bezeichnet. Das *Haus zum schwarzen Löwen,*

Unterm Markt 1, wurde nach 1558 für den Waidhändler und späteren Bürgermeister Erasmus Kilian errichtet. Es überstand den Stadtbrand von 1581 und ist damit eines der wenigen Zeugnisse des 16. Jahrhunderts.

## TENNSTEDT

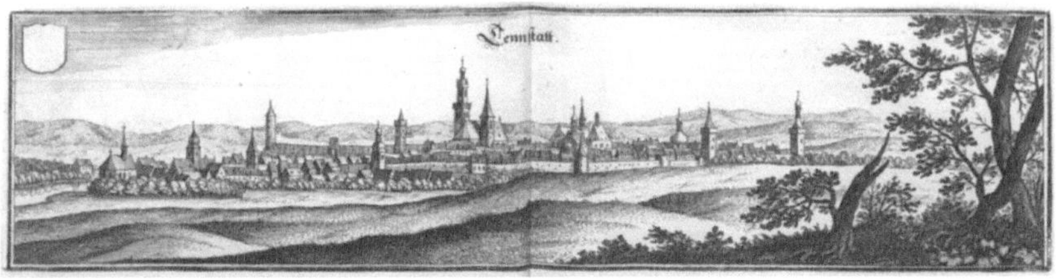


Tennstedt liegt im westlichen Teil des Thüringer Beckens, 20 km nordwestlich von Erfurt. Urkundlich wurde der Ort 772 erstmals genannt, im 13. Jahrhundert erhielt Tennstedt eine städtische Verfassung. In der Zeit von 1448 bis 1483 wurde die Stadtmauer mit vier Toren errichtet.
Im 14. bis 17. Jahrhundert hatte die Stadt auch das Recht, mit Färberwaid zu handeln.
1485 kam die Stadt an das Herzogtum Sachsen der Albertiner, ab 1554 zum albertinischen Amt Langensalza. Ihre Bedeutung als Bad erlangte die Stadt erst im 19. Jahrhundert – nach der Entdeckung einer Schwefelquelle 1811.
An die Zeit des Waidhandels erinnert im heutigen Bad Tennstedt der Nachbau einer Waidmühle – von den Heimatfreunden der Stadt 1995 rekonstruiert. Im Text zu diesem Wiederaufbau ist zu lesen:
„...Es war notwendig, Bücher über Waid zu lesen, sich über die Technik so einer Mühle kundig zu machen, Skizzen und Fotos zu sammeln, um über Details der Eisenbeschläge oder Stärken der Hölzer zu erfahren. Der fehlende Drehstein musste aus Beton nachgegossen werden, da ein Originalstein nicht zu beschaffen war. Der sieben Meter lange Querbalken wurde aus einem Fichtenstamm mit der Axt zugehauen. Die drei Bürger der Stadt Bad Tennstedt benötigten für die Errichtung der Waidmühle insgesamt 280 Stunden. Es entstand ein Kultur- und Geschichtsgut mehr für die Kurstadt Bad Tennstedt. Die Besichtigung ist öffentlich, der Standort leicht zu erreichen und die Wege sind Behindertengerecht angelegt.“
(Am Hotel Am Kurpark, Am Osthöfer Tor 1)

In Schrebers Werk über Waid ist in den *Beylagen (XXV.)* auch ein *Auszug aus den Statuten der Stadt Tännstedt vom Jahre 1559 (...) vom Waidhandel* abgedruckt, dessen Text hier stellvertretend für viele ähnliche Gesetzte und Verordnungen in Thüringen wiedergegeben wird (*P. II. artic. VI. vom Waidhandel)*:

*Im Waidhandel soll der Rath des fleißig Aufsehen haben, und solche Ordnung schaffen und halten, damit gemeiner Bügerschafft Nahrung, Nutz und Gedeyen, wie auch in andern Handthierungen, gesucht, gefördert und erhalten werde. Sonderlich soll aber der Verleger fremder und auswärtiger Gesellschafft im Einkauf des Ballen-Wayds (dadurch denn solcher Handel gemeiner Bürgerschaft gestopft und entzogen, das Guth übertheuret, und also männiglich an seiner Bürgerl. Nahrung und Gewerbschaft gehindert und mercklich geschwächt) bey willkührlicher Strafe des Raths, und Verlust des Handels nicht gelitten, noch gestattet werden. Inmassen denn auch solches von Alters her bey schwerer Strafe jährlich verbothen, und die, so zu handeln bedacht, solche Gesellschaft mit leiblichem Eyde beschweren müssen.*

*Art VII. Von Wayd-Knechten.*

*Diese sollen jährlich im Anfange des Wayd-Kauffs beeydigt werden, wie gewöhnlich und dann vermöge ihres geschwornen Eydes mit den Abtragen Ein- und Ausmessen der Ballen- oder bereiteten Wayds, fleißig und treulich handeln und gebahren, gegen den Armen als den Reichen, ungeachtet einiger Freundschaft, Feindschaft, Gunst, Gaben, Geschencke, oder dergleichen Ursachen. Würde aber einer in dem vorsetzlich verbrechen, und also dessen überkommen und begreiffen, der soll nach des Raths Willkühr ernstlich gestraft, und solcher Waydarbeit sich in Tännstedt seine lebelang enthalten.*

# Zur Pflanzenbiochemie des Waid-Indigos

Vorstufen des blauen Indigo-Farbstoffes in der pflanzlichen Biosynthese sind Indoxyl und Indican (auch Isatan B genannt).

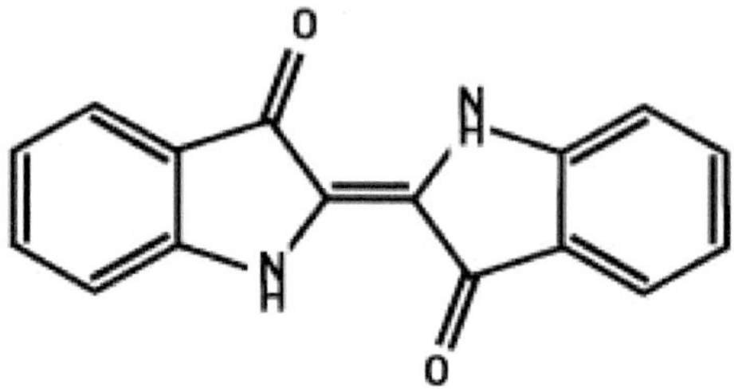


**Indigo**

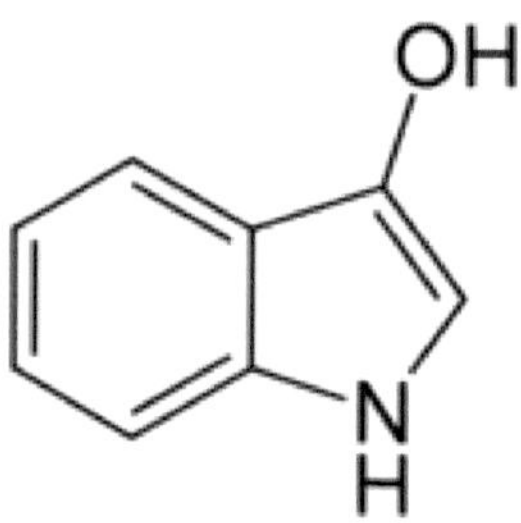


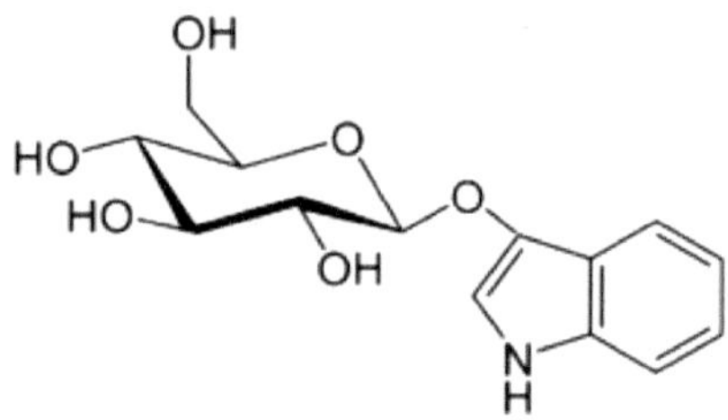


Indoxyl
(ohne OH-Gruppe: Indol)

Vorstufen des Indigos

Indican mit einem
Glucose-Molekül (links),
(Glucosid des Indoxyls)

Walter Greiling (1800–1986) berichtete in seinem Buch „Chemie erobert die Welt“ (1950) unter der Überschrift *20 Jahre Kampf um Indigo*, dass aus der Indigopflanze zwischen 1880 und 1897 jährlich Farbstoffe im Werte von rund 100 Millionen Mark gewonnen worden seien – die deutsche Einfuhr betrug davon 20 Millionen Mark. Das Hauptlieferland war Britisch-Indien.
Und Greiling stellte fest, dass am Indigo fast alle bedeutenden Chemiker „herumexperimentiert“ hätten. Man wusste – aufgrund der von Liebig bis zur Perfektion entwickelten Elementaranalyse, dass Indigo aus **16 Atomen Kohlenstoff, 10 Atomen Wasserstoff** und je **2 Atomen Sauerstoff und Stickstoff** bestand.
Und dann heißt es – mit Blick auf die Bilder (in der chemischen Fachsprache Strukturformeln genannt) auf dieser Seite:
*„1865 stellte Adolf Baeyer, der spätere Nachfolger Liebigs in München, auch den*

*genauen Aufbau fest und zeigte, daß je 2 Kohlenstoffringe untereinander und außerdem mit einer Stickstoff-Wasserstoff- und einer Kohlenstoff-Sauerstoff-Gruppe verbunden sind.“*
Wie die Abbildung zeigt, besteht das Indigo-Moleküle aus vier Ringen, wobei jeweils zwei gleiche Ringe über eine Brücke miteinander verbunden sind.
Das unschwer erkennbare Grundmolekül ist das ebenfalls abgebildete Indoxyl (oder ohne OH-Gruppe Indol genannt). Indol spielt als Ausgangssubstanz in der Pflanzenbiochemie allgemein eine große Rolle. Je nach in den jeweiligen Zellen (oder Zellorganellen) vorhandenen Enzymen führen biochemische Wege über die Indolessigsäure u.a. zu pflanzlichen Wuchsstoffen oder auch zur für den Menschen essentiellen Aminosäure Tryptophan.
Im Waid liegt nicht das Indigomolekül, sind eine Verbindung aus dem Zuckermolekül Glucose und dem Indoxyl vor. Bei der Gewinnung des Farbstoffes muss somit zunächst durch Gärung der Zucker, die Glucose, abgespalten und dann auch noch eine Vereinigung von zwei Indoxyl-Molekülen stattfinden.

Indigo ist ein Küpenfarbstoff, d.h. dass man den wasserunlöslichen Farbstoff durch Zugabe von Reduktionsmitteln erst in eine wasserlösliche Form überführen muss.

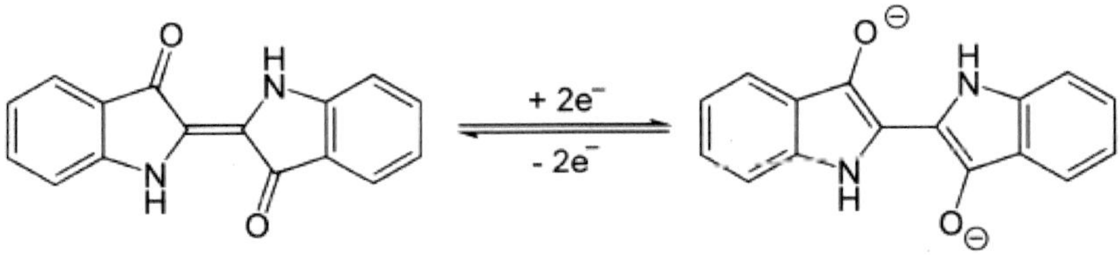


Indigo (® Reduktion) (¬ Oxidation) Leukoform Indigweiß

Die negativen Ladungen im Küpenfarbstoff rechts – Indigweiß (Leukoform) genannt, jedoch gelb gefärbt – zeigen, dass der Farbstoff hier in Form eines Salzes (in alkalischer Lösung, z.B. auch von Kalkwasser) und damit wasserlöslich vorliegt. Es handelt sich, wie die Pfeile in beiden Richtungen andeuten, um ein umkehrbares Gleichgewicht. Durch die Einwirkung eines Oxidationsmittels, meist des Sauerstoffs, findet dann, nachdem der Küpenfarbstoff auf das Gewebe aufgezogen ist, wieder die Bildung des blauen Indigofarbstoffes statt.
Die in den historischen Texten enthalten meist sehr anschaulichen Beschreibungen der sichtbaren Vorgänge vor allem der Gewinnung von Indigo aus der Pflanze lassen sich chemisch vereinfacht wie folgt erklären:
Nach der Abspaltung des Zucker(Glucose)restes z.B. auch durch das in den Blätter enthaltene Enzym Indoxylase (eine Glucosidase) und Bildung des Indigos entstand beim Gärvorgang durch Bakterien Wasserstoff, wodurch der Farbstoff reduziert wurde. Beim Schlagen der Flüssigkeit gelangt die reduzierte Form in den Schaum

und dadurch an die Oberfläche der Flüssigkeit, wo sie vom Luftsauerstoff oxidiert wird und sich wieder blau färbt. Grüne Färbungen treten als Mischung aus Grün und Gelb (reduzierte Form) auf.
Das Rühren und Schlagen mit Stöcken wird solange fortgesetzt bis aller Farbstoff als blaues, unlösliches Produkt ausgefallen ist. Das getrocknete Endprodukt ist in reinem Zustand ein dunkelblaues, kupferrot schimmerndes Pulver.
Aus Waidblättern ließen sich etwa 0,26 bis 0,32 % Indigo gewinnen – das von Trommsdorff entwickelte Verfahren (s.o.) soll 0,64 % geliefert haben. Nach Chaptal soll der indische Indigo als Handelsartikel 175mal so viel Färbekraft besessen haben wie die Waidkugeln (nach Schweppe).
Neben dem Indigovorprodukt Indican enthalten Waidblätter die Pflanzenphenole *Quercetin* und *Kämpferol*, welche bei den beschriebenen Vorgängen die Farbtöne der Indigofärbung beeinflussen können, wenn der Indigo nicht in reiner Form verwendet wurde.
Die abgebildete Strukturen zeigen eine Reihe von OH-Gruppen und Sechs(Benzol)ringe, daher auch als Phenole bezeichnet. Sie können ebenfalls zu farbigen Verbindungen oxidiert oder auch mit Metallionen (wie Eisen oder Aluminium) farbige Komplexe bilden.

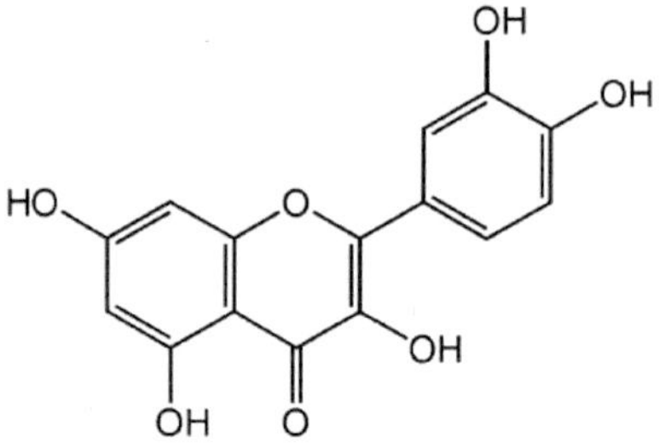


Quercetin

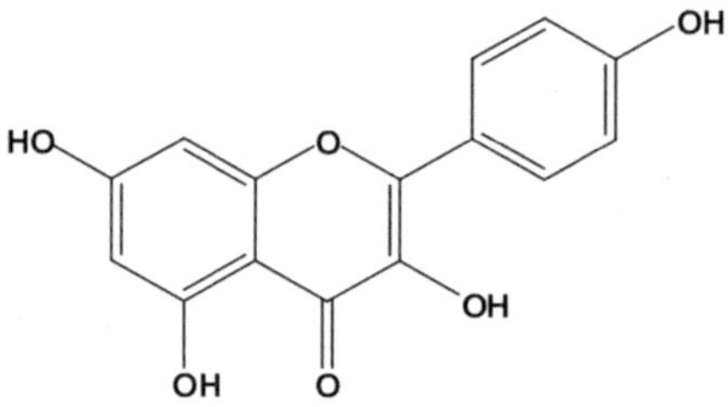


Kämpferol

# Gewinnung aus Waidblättern

Auf der Webseite des Heimat- und Waidmuseums Hochstedt: (www.hochstedt.de/neo/index.php/waidindigo.html - abgerufen am 21.7.2016) wird über die Gewinnung von Waid aus den Blättern der Pflanze (2009) sehr anschaulich (mit Fotos) berichtet. Die Autoren nehmen Bezug auf die von Müllerott veröffentlichten Rezepte (von Chaptal, Gren und Kroneberg 1788) und schreiben: *„Es wurde gerade soviel warmes Wasser über die Blätter gegossen, dass diese gerade so davon bedeckt waren. (...) Wir warteten einen Tag und bemerkten erste ‚Düfte'.*

*Also gossen wir das Wasser ab, welches eine gelbbräunliche Färbung angenommen hatte. Beim Abgießen durch ein Sieb schimmerte es sogar hellgrün.*

*Diese Brühe konnte nun gerührt (geschlagen) werden, um Sauerstoff in die Flüssigkeit zu bringen (Rezept nach F.A.C. Gren von 1786), während im Rezept von 1788 und anderen vermerkt war, dass eine Kalklösung zugegeben werden soll.*

*Die zweifelsfrei saure Brühe musste also in eine basische überführt werden. Wir benutzten dazu Natron* [oder Soda, wahrscheinlich besser geeignet; G.S.], *welches wir heftig in die Flüssigkeit einrührten.*

*Zunächst schäumte die Flüssigkeit weiß, dann setzte ein Farbumschlag ein und die Brühe wurde dunkler. Nach einer Pause wurde die Flüssigkeit erneut geschlagen. Der dabei entstehende Schaum wurde nun hellblau. Nach einer weiteren Ruhezeit (für die Flüssigkeit) wurde erneut gerührt. Der Schaum, der sich nun bildete, hatte eine mittelblaue Farbe angenommen. Einzelne tiefblaue Einsprengsel waren darin zu erkennen. Er fiel auch rasch in sich zusammen.*

*Am Rand des Gefäßes setzten sich Pigmentteilchen ab – Indigo. Da der Indigo wasserunlöslich ist, sollte er nun ausflocken und als Bodensatz absetzen.*

*Wir ließen die Brühe noch einen Tag ruhen, damit sich der Farbstoff absetzen konnte und gossen sie dann vorsichtig ab. Auf dem Gefäßboden hatte sich tatsächlich ein Satz gebildet.*

*Wir wuschen dieses Satz mehrmals mit Wasser, denn innerhalb weniger Minuten war er wieder auf den Boden gesunken.*

*Anschließend füllten wir ihn in eine flache Schale, worin die Flüssigkeit schneller verdunsten konnte. Die feste Schicht, die danach zurückblieb, war Indigo. Wir kratzten die Schicht herunter und zerstießen sie zu Pulver, um dieses dann in ein Glas zu füllen.*

*Wenn man unsere geringe Ausbeute betrachtet, war es kein Wunder, warum Waid im Mittelalter so teuer war."*

## EXPERIMENTE zu Waid-Extrakten

Historisch aus:
Karl Wilhelm POERNER (1732–1796): Chymische Versuche und Bemerkungen zum Nutzen der Färbekunst, Band 3, Leipzig 1773.
(Studium in Leipzig, Dr. med. 1755, kurfürstlicher Sächsischer Bergrat und Chemiker bei der Porzellanfabrik zu Meißen) – S. 303–311.

### *Erster Abschnitt.*

*Von der Mischung und den Bestandtheilen des Waides.*

*§. 1.*

*Waid mit Wasser gekocht, giebt ein sehr gesättigtes Decoct, welches einen ekelhaften Geruch und Geschmack hat, wobey etwas bitterliches und kaum merklich zusammenziehendes wahrgenommen wird. Die Farbe ist dunkel und gelblichtbraun. Mit vielem Wasser verdünnt wird dieselbe zu einer matten weingelben Farbe.*

[Bei der Heißextraktion werden zunächst zahlreiche und unterschiedliche Blattinhaltsstoffe extrahiert, wobei auch bereits Zersetzungen auftreten können. So entstehen flüchtige, stark riechende Stoffe.]

*§. 2.*

*Mit aufgelöstem Kochsalz wird die Farbe lichter, und es schlägt sich etwas weniges von einer leichten grünlichten Substanz nieder, welche sich von aufgelöster Pottasche nicht auflösen läßt.*

[Auch Blattfarbstoffe, Chlorophylle, und deren Abbauprodukte, gehen bei der Heißextraktion in Lösung und können durch Aussalzen zusammen mit anderen Substanzen niedergeschlagen werden.]

*§. 3.*

*Mit aufgelöstem Salmiac wird die Farbe des Waiddecocts auch etwas lichter und reiner, und es schlägt sich auch etwas weniges von einer leichten grünlicht-bräunlichten Substanz nieder, wovon eine geringe Portion sich in aufgelöster Pottasche auflösen läßt, und dieselbe mit einer weingelben Farbe färbt.*

[In Pottasche = Kaliumcarbonat, d.h. im Alkalischen lösen sich u.a. Pflanzenphenole.]

*§. 4.*

*Mit aufgelöster Pottasche erhält das Decoct eine dunkle bräunlichte pomeranzgelbe Farbe, und es schlägt sich etwas weniges von einer leichten grünichten Substanz nieder. Verdünnt man diese Vermischung mit Wasser, so wird die Farbe zu einer gesättigten goldgelben Farbe. Verdünnt man dieselbe mit noch mehrerm Wasser, so wird die Farbe zwar etwas schwächer, bleibt aber immer noch goldgelb, und es wird sehr viel Wasser erforderlich, ehe die Farbe ganz un-*

*merklich wird.*

*§. 5.*

*Mit Salzsaurem entsteht den Augenblick eine Präcipitation, und es schlägt sich eine häufige Menge einer bräunlichten Substanz nieder. Die darüberstehende Feuchtigkeit hat eine schöne goldgelbe Farbe. Vermischt man mit selbiger aufgelöste Pottasche, so entsteht ein heftiges Aufbrausen, und die Farbe wird zu einer blässern gelben Farbe, weiter aber erfolgt nichts. Die aus der Vermischung des Waiddecocts und Salzsaurem geschiedene bräunlichte Substanz löset sich in aufgelöster Pottasche fast ganz auf, und färbt dieselbe mit einer dunkeln gelbbraunen Farbe, welche, mit etwas Wasser verdünnt, zwar schwächer wird, aber immer noch in das dunkelgelb fällt. Eben diese bräunlichte Substanz löset sich zum Theil in Weingeist mit einer goldgelben Farbe auf. Vermischt man alsdenn diese Auflösung mit Wasser, so geht sie mit demselben eine Vereinigung ein, ohne daß sich etwas scheidet. In versüßtem Vitriolsauren oder* Liquor anodynus *löset sich die gedachte bräunlichte Substanz auch zum Theil auf, und färbt dasselbe mit einer gesättigten pomeranzengelben Farbe. Vermischt man diese Auflösung mit Wasser, so scheidet sich eine leichte bräunlichte Substanz, welche sich von aufgelöster Pottasche mit einer goldgelben Farbe auflösen läßt.*

[Bei den *bräunlichten Substanzen* handelt es sich vermutlich stets um Pflanzenphenole, die auch zu intensiver gefärbten Chinonen oxidiert werden können, sowie auch um Abbauprodukte der Chlorophylle.]

*§. 6.*

*Mit aufgelöstem Alaun schlägt sich eine häufige Menge einer bräunlichten Substanz nieder. Die drüberstehende Feuchtigkeit hat eine blasse weingelbe Farbe. Vermischt man mit selbiger aufgelöste Pottasche, so schlägt sich eine gelblichtweiße Substanz nieder, und die Feuchtigkeit zeigt alsdenn eine noch blässere gelbe Farbe. Die aus der Vermischung des Waiddecocts mit Alaun niedergeschlagene bräunlichte Substanz löset sich zum Theil in aufgelöster Pottasche auf, und färbt dieselbe mit einer gesättigten pomeranzengelben Farbe.*

*§. 7.*

*Mit Zinnauflösung schlägt sich eine häufige Menge einer bräunlichtgrauen Substanz nieder. Die drüberstehende Feuchtigkeit hat eine sehr blasse gelbe Farbe. Vermischt man mit selbiger gelöste Pottasche, so wird die Farbe schön goldgelb; es schlägt sich aber nichts nieder. Die aus der Vermischung des Decocts mit Zinnauflösung geschiedene bräunlichtgraue Substanz löst sich zum Theil in aufgelöster Pottasche auf, und färbt dieselbe mit einer gesättigten pomeranzengelben Farbe.*

*§. 8.*

*Mit aufgelöstem grünen Vitriol wird das Waiddecoct sogleich trübe, und es schlägt sich eine häufige braune Substanz nieder. Die drüberstehende Feuchtigkeit hat eine trübe gelbe Farbe. Vermischt man mit selbiger aufgelöste Pott-*

*asche, so entsteht sogleich eine Präcipitation, und es schlägt sich eine dunkle bläulichte olivengrüne Substanz nieder, welche ander Luft braun wird; alsdenn hat die Feuchtigkeit eine blaßgelbe und noch etwas trübe Farbe. Die aus der Vermischung des Waiddecocts mit grünem Virtriol geschiedene braune Substanz löset sich in aufgelöster Pottasche größtentheils auf, und färbt dieselbe mit einer röthlichten braunen Farbe.*

[Mit *grünem Vitriol* ist offensichtlich Eisen(II)sulfat gemeint. Hiermit können komplexe Reaktionen stattfinden – bis zur Bildung löslicher Komplexe im Alkalischen, wobei das Eisen wahrscheinlich dann oxidiert als Fe(III) vorliegt.]

*§. 9.*

*Mit aufgelöstem blauen Vitriol wird das Decoct ebenfalls trübe, und es schlägt sich eine häufige grünlichtbraune Substanz nieder. Die drüberstehende Feuchtigkeit hat eine sehr blasse grüne Farbe. Vermischt man mit selbiger aufgelöste Pottasche, so erfolgt sogleich eine Präcipitation einer hellblauen Substanz, welche sich, wenn noch mehrere aufgelöste Pottasche hinzugegossen wird, mit einer himmelblauen Farbe auflösen läßt. Die aus der Vermischung des Waiddecocts mit blauem Vitriol niedergeschlagene grünlichtbraune Substanz löset sich in aufgelöster Pottasche größtentheils auf, und färbt dieselbe mit einer dunkelgrünen Farbe.*

[Die gleichen Versuche werden hier mit dem Kupfer(II)sulfat – dem *blauen Vitriol* – beschrieben.]

*§. 10.*

*Aus diesen von §. 1 bis §. 9 angezeigten Versuchen erhellet offenbar, daß der Waid eigentlich eine gelbfärbende Substanz enthält. Diese Substanz wird vermittelst des mit Salzsaurem angestellten Versuchs §. 5 am deutlichsten erkannt. Es scheidet sich nehmlich durch die Vermischung des Waiddecocts mit Salzsäure eine bräunlichte Substanz, welche sich in aufgelöster Pottasche fast ganz und im Weingeist, wie auch in versüßtem Vitriolsauren nur zum Theil auflöset. Da diese durch das Salzsaure geschiedene Substanz sich im Weingeist und versüßtem Vitriolsauren nur zum Theil und in aufgelöster Pottasche fast ganz auflöset, überdieß aus der mit Weingeist gemachten Auflösung, wenn man sie mit Wasser vermischt, nichts geschieden wird, welches aber geschieht, wenn man die mit versüßtem Vitriolsauren gemachte Auflösung mit Wasser vermischt; so ist kein Zweifel, daß die färbende Substanz des Waides die Natur der eigentlich harzichten Substanzen nicht hat, wiewohl auch nicht zu läugnen ist, daß sie mit denselben in einiger Verwandtschaft steht, oder ihnen ähnlich ist. Hält man die vermittelst des Salzsauren geschiedene bräunlichte Substanz; wenn sie getrocknet worden, an das Feuer, so entzündet sich dieselbe nicht mit einer lichten Flamme, sondern verzehrt sich durch ein lebhaftes Glühen, und läßt eine beträchtliche Menge erdichter Theile zurück. Es kann also diese Substanz weder für eine bloß harzichte noch solche Substanz angesehen werden, welche ein freyes Oel enthält. Da aber dieselbe sich in dem Feuer durch ein lebhaftes Glühen verzehrt, überdieß in aufgelöster Pottasche ganz und in versüßtem Vitriolsauren zum Theil aufgelöst, und aus dem letz-*

*tern durch die Vermischung mit Wasser wieder geschieden wird, so erhellet deutlich, daß gedachte Substanz aus harzähnlichen Theilen besteht, welche durch die genaue Vereinigung mit vielen erdichten Theilen zu einer besondern brennbaren Substanz wird, die aber demohngeachtet mit den harzichten Substanzen mehr, als mit andern brennbaren Substanzen, in Verwandtschaft steht. In dieser harzichterdichten Substanz ist vorzüglich das färbende Wesen des Waides zu suchen, welches, so lange in den Behältnissen desselben keine innerliche Bewegung oder Gährung entsteht, eine gelbfärbende Eigenschaft hat, die sich aber verändert, so bald die Mischung der färbenden Substanz und der übrigen Bestandtheile des Waides wesentlich verändert, und diese veränderten Theile aufs neue mit einander vereinigt werden.*

[Zur Reaktion mit dem Feuer siehe auch die Beschreibung des Indigo-Tests. Die Gärung führt wie beschrieben zur Abspaltung der Glucose vom Indoxyl und die Gelbfärbung ist auf die reduzierte Form des Indigos, dem Indigweiß, zurückzuführen.]

## EXPERIMENTE mit INDIGO

**1. Reaktion von Indigo mit einem Entfärber (reduzierend mit Dithionit)**

In einem 25 ml-Becherglas werden zu 10 ml Wasser 1 Messerspitze Indigo und ein Teelöffel voll Entfärber auf einer Heizplatte erwärmt.

Die Lösung wird sich langsam bei erhöhter Temperatur gelb färben, auf der Oberfläche der Flüssigkeit sammeln sich blaue Flocken.

Das Reduktionsmittel Dithionit (zusammen mit Soda = Natrium-carbonat) reduziert Indigo zur Leukobase. Auf der Oberfläche erfolgt durch den Luftsauerstoff bereits wieder die Oxidation zum Indigo.

**2. Reaktion von Indigo mit Fructose/Glucose und Soda**

Vor der Entdeckung der Schwefelverbindung Dithionit verwendete man Zucker (Glucose oder Fructose) im Alkalischen als Reduktionsmittel.

Die Messerspitze Indigo wird in den 10 ml Wasser zusammen mit je einem kleinen Löffel voll Fructose oder Glucose sowie Soda ebenfalls wie im Experiment 1 erhitzt. Es werden die gleichen Phänomene beobachtet.

**3. Färben mit der Leukobase des Indigos**

Taucht man in der gelbe Lösung den Zipfel eines Leinentuches (oder auch Küchenpapiers) ein und zieht ihn schnell wieder heraus, so erfolgt an der Luft sehr schnell wieder die Oxidation zum blauen Indigo.

# Chemische Identifizierung des Indigofarbstoffes

*Sublimationstest*

Bereits in der *Historia naturalis* von PLINIUS d. Ä. ist zu lesen:
„Man prüft den Indigo auf Kohlen, der reine brennt darauf mit schöner Purpurflamme."
Erwärmt man Indigopulver auf etwa 230 °C so entsteht ein rotvioletter Dampf, der sich beim Abkühlen in charakteristischen blauen Kristallnadeln niederschlägt.
H. Schweppe schlägt in seinem „Handbuch der Naturfarbstoffe" (S. 294) folgenden Test für mit Indigo gefärbte Fasern vor:
„Man kann den Sublimationstest auch so durchführen, daß man eine auf Indigo zu untersuchende Faser anbrennt und die brennende Faser gegen eine kalte weiße Porzellanschale hält. Dabei schlägt sich sublimierter blauer Farbstoff auf dem Porzellan nieder."

*Natriumdithionit-Test*

Diese spezielle Schwefelverbindung als Salz der Dithionsäure ist in allen reduzierenden Entfärbern (Bleichmitteln) enthalten.
Ein solcher kommerziell erhältliche Kalt- oder Schnell-Entfärber kann für diesen einfachen Test verwendet werden.
Eine kleine Probe mit vermuteter Indigofärbung (z. B. ein Faden von wenigen Millimetern Länge) wird in einem kleinen Reagenzglas mit warmem Wasser bedeckt. Dann fügt man ein oder mehrere Messerspitzen voll von dem Entfärberpuler hinzu. Im positiven Fall färbt sich die Lösung gelb – Indigo wurde in die Leukoform (s.o.) Indigweiß reduziert.

## Bedeutende Autoren zum Waidanbau und zur Indigogewinnung

### Jean-Antoine Chaptal

Jean-Antoine Chaptal (1756–1832) war ein französischer Chemiker und Politiker. Als Sohn kleiner Landbesitzer studierte er ab 1774 Medizin in Montpellier, wo er 1777 zum Doktor der Medizin promovierte. Er praktizierte zunächst bei seinem Onkel Claude in Montpellier, ging dann aber nach Paris, wo er vor allem Chemie studierte. 1780 wurde er auf den für Ihn eingerichteten Lehrstuhl für Chemie an der Medizinischen Fakultät der Universität Montpellier berufen. In die Chemiegeschichte ist er vor allem durch seine chemisch-ökonomischen Tätigkeiten eingegangen, als Gründer und Leiter chemischer Werke, in denen zahlreiche Verfahren entwickelt oder verbessert wurden. Unter Napoleon Bonaparte wirkte er als Politiker, als Konsul des Staates und als Minister des Inneren ab 1801.
1793 wurde er Direktor der Pulverfabrik in Grenelle, verbesserte das Schießpulver zum Vorteil der republikanischen Heere. 1805 machte ihn Napoleon zum Senator und Großoffizier der Ehrenlegion, 1811 zum Grafen von Chanteloup. Chaptal führte das metrische System – und die Färberei als Lehrfach ein. Seine Leistungen bestanden darin, die Wissenschaft populär zu machen und die Entdeckungen der Chemie, die sich in dieser Zeit zu einer Wissenschaft entwickelte, in der Industrie und Landwirtschaft anzuwenden. Er gründete auch zahlreiche chemische Fabriken. Sein Name ist auf dem Eiffelturm verewigt.
In seinem letzten Werk – im Deutschen als „Angewandte Agrarchemie" 1824 erschienen – behandelt er ausführlich auch den Waid und den daraus gewonnenen Farbstoff. In Deutschland wurde sein Werk unter dem Titel „Die Agrikulturchemie des Grafen Chaptal (...) (übersetzt von H. F. Eisenbach, mit einem Anhang von G. Schübler [1787–1834, Botaniker], Professor der Naturgeschichte in Tübingen) herausgegeben. Daraus werden einige Abschnitte zitiert.

Nach einer ausführlichen Darstellung des Anbaus und der Ernte folgt dann die Gewinnung – wie folgt sehr anschaulich und im Detail beschrieben (im ersten Verfahren ohne Gärung!):
Zunächst ist (S. 243) zu lesen:

*Der lange Revolutionskrieg hatte uns die Meere verschloßen, und unser Vorrath an Kolonialwaaren war sehr theuer und schlecht sortirt. In diesem Zustande des Mangels und der Entbehrung wendete sich die Regierung an die Gelehrten, um zu versuchen, ob wir nicht auf unserm Boden einen Theil der Schätze zu erzielen vermöchten, welche uns bisher die der neuen Welt verschafft hatte. Ihre Bemühungen waren nicht vergebens und in kurzer Zeit verfertigte man einen Indigo aus dem Waid, der den besten Guatimalaindigo an Güte nicht nachstand.*
[Mit den *Revolutionskriegen* sind die Kriege Napoleons mit den europäischen Staaten zwischen 1792 und 1802 gemeint. Guatemala, ursprünglich von Mayastämmen bewohnt, stand ab 1524 unter spanischer Herrschaft und bildete ein eigenes Generalakpitanat, das ganz Zentralamerika (außer Panama) umfasste. Wichtigstes Exportprodukt war Indigo!]

Aus dem *Dritten Abschnitt.*
***Von der Gewinnung des Indigos aus dem Waid.***

*(...) S. 245*
*1. ... Vor dem Jahre 1810 waren sehr mannigfaltige Bereitungsarten angewendet worden, um den Indigo aus dem Waid zu gewinnen, sowohl in Frankreich als auch in Deutschland, in Italien und in England; und man bereitete überall Indigo, ohne daß seine Fabrikation einen allgemeinen Charakter annahm. Zu dieser Zeit errichtete die französische Regierung durch das Bedürfnis genöthigt, eine Farbe hervorzubringen, die man nur noch mit großen Kosten aus dem Auslande beziehen konnte, Anstalten, und munterte zur Bereitung des Waidindigos im Großen auf.*

*Ich werde nicht alle die Verfahrensarten aufführen, welche in den drei auf 1810 folgenden Jahren verwendet wurden, sondern werde mich darauf beschränken, das am wenigsten Kostbare, das Geschwindeste, und welches immer eine gute gleichförmige Beschaffenheit bei dem Indigo hervorbringt, zu beschreiben.*

*Um dieses Verfahren ins Werk zu setzen, bedarf man bloß eines Kessels, worin man das Wasser erwährmen kann, eines Laugenfasses, um die Blätter auszulaugen, eines zweiten, welches als Ständer dient, und eines Zubers, worin man das mit dem Indigo geschwängerte Wasser schlägt, um diesen dem Satzmehl ähnlichen Stoff abzulagern.*

*Man verfährt dabei auf folgende Art, welche Giobert* [J. A. Giobert, wird als Autor über Seide in Journalen zu Beginn des 19. Jh. häufiger genannt] *erfunden hat, und so beschreibt:*

*Man fängt damit an, daß man das Wasser erwärmt, und während es ins Sieden geräth in das Laugenfaß die Blätter legt, welche man zu der Periode ihres Wachsthums abgepflückt hat, wie wir dieselbe oben bei der Beschreibung der*

*Waidkuchen = Fabrikation angegeben haben; die Blätter muß man so legen, daß sie nirgensher gedrückt werden und in dem ganzen Inneren des Laugenfasses gleichförmig vertheilt sind.*

*Das Laugenfaß wird mit einem weiten Geflecht bedeckt oder mit einem Netz, das weite Maschen hat, und darüber bringt man ein grobes wollenes Tuch an.*

*Wenn alles auf diese Art angeordnet ist, so gießt man siedendes Wasser über die Blätter; dieses verbreitet sich gleichförmig über die ganze Masse, und man fährt damit fort, bis die Blätter gleichförmig bedeckt sind.*

*Jetzt nimmt man das Netz und das Tuch hinweg und bewegt die Blätter gelinde, damit sie sich gleichförmig mit dem Wasser anschwägern, und damit nicht auf dem Boden des Laugenfasses eine Wasserschichte entstehe, worin sie nicht eingetaucht sind.*

*Das Wasser läßt man höchstens fünf bis sechs Minuten lang auf die Blätter einwirken, und dann wieder ablaufen, indem man den Hahn des Laugenfasses öffnet, um es durch ein grobes Seihetuch in ein zweites Faß, das man Abseiheküpe (reposoir) nennt, laufen zu lassen.*

*Wenn die Laugen zu hell ist, und nicht die Farbe eines neuen, weißen, schon ziemlich stark gährenden Weines hat, so hält man mit dem Ausleeren ein, und gießt das schon Herausgelaufene wieder auf die Blätter zurück, um es aufs Neue einwirken zu lassen, bis die Flüssigkeit, die so eben angeführten Merkmale annimmt.*

*Sobald alles herausgelaufen ist, schließt man den Hahn und gießt eine neue Menge laues Wasser über die Blätter, dieses laue Wasser läßt man eine Viertelstunde lang darauf einwirken.*

*Während der Zeit, in welcher dieser zweite Aufguß gemacht wird, bringt man das Wasser von der ersten Lauge in den Ständer, welcher das Schlagfaß heißt, und läßt das zweite hineinlaufen, um beide untereinander zu mischen.*

*(...)*

*Das Verfahren, welches ich so eben beschrieben habe, um den Indigo durch eine mit warmem Wasser gemachte Infusion zu bereiten, scheint mir das allereinfachste zu seyn; da aber der Indigo in den Blättern mehr oder weniger ausgebildet oder oxydirt vorhanden ist je nach dem verschiedenen Alter derselben, so ist er auch zu diesen verschiedenen Zeiten in dem Wasser nicht gleich auflöslich und er ist es gar nicht, wenn er eine schwarzblaue Farbe angenommen hat, wie dieses bei den vollkommen reif gewordenen Blättern der Fall ist. Will man daher sich dieser Verfahrungsart bedienen, so muß man die Blätter zwischen dem sechzehenten und achtzehenten Tage ihres Wachsthums abpflücken, und nicht zu warten, bis ihr Rand eine blaue Schattirung erhalten hat, denn dann hat der Indigo eine Oxydationsstufe erlangt, welche ihm nicht mehr erlaubt, sich vollkommen auszulösen.*

## Gewinnung durch Gärung (S. 248)

*Die Anwendung der Gährung ist zwar nicht so vortheilhaft als das bisher beschriebene Verfahren, man muß aber gestehen, daß sich dieselbe bei Blättern, welche den höchsten Grad ihrer Reife erlangt haben, mit Vortheil anwenden läßt, und ich kann mich nicht enthalten, hier eine kurze Beschreibung von derselben zu geben; ich muß dieses um so mehr thun, als bei einer kleineren Anstalt die Anwendung der Gährung einige Vorzüge hat.*

*Wenn man die Gährung anwenden will, so füllt man drei Viertheile eines Laugenfasses mit Blättern an, befestigt diese so, daß sie im Wasser eingetaucht bleiben müssen, und gießt ein heißes Wasser von vierzehen bis fünfzehen Graden des Reaumur'schen Thermometers* [14–15 °R; 17,5–18,75 °C] *darüber. Die nämliche Temperatur muß auch der Arbeitsort haben. In wenigen Tagen verkündigt sich die Gährung durch Luftbläschen, welche an der Oberfläche zerplatzen; sie muß nach Verfluß von achtzehn Stunden beendet seyn; man erkennt daran, daß sie vollkommen vor sich gegangen ist, wenn die Farbe des Wassers einen zitronengelbe Schattirung annimmt und auf der Oberfläche ein schwaches mit Regenbogenfarben spielendes Häubchen entstanden ist.*

*Hierauf läßt man das Wasser ab, und läßt dasselbe zuerst in die Abseihe-küpe, und dann in die Schlageküpe laufen.*

*Bei beiden Verfahrungsarten muß man den, im Wasser aufgelösten oder suspendirten, Indigo aus demselben niederschlagen, und dieses geschieht durch das S c h l a g e n. Hierdurch erhält der Indigo die ihm eigenthümliche blaue Farbe.*

*Ich werde zwei Methoden für das Schlagen angeben, wovon sich die eine anwenden läßt, um den Indigo durch einen Aufguß von siedendem Wasser aus den Blättern zu ziehen, die zweite auf das Verfahren der Gährung durch sich bezieht.*

*Sobald die Wärme des Wassers, das man über den Blätter digeriren ließ, wie ich oben beschrieben habe (erster und zweiter Aufguß), so weit abgenommen hat, daß sie zwischen fünf und dreißig und vierzig Graden des Reaumur'sche Thermometers steht* [35–40 °R = 44–50 °C], *so fängt man mit dem Schlagen an, zu diesem Zwecke bedient man sich eines Besens oder einer Handvoll Weidenzweige, die man zuvor abschält, und bringt die Flüssigkeit tüchtig durcheinander. Wenn sie sehr heiß ist, so muß das Schlagen langsamer geschehen und nicht so heftig seyn, als bei geringerer Wärme.*

*Sobald man auf der Oberfläche der Flüssigkeit einen starken, weißen Schaum hervorgebracht hat, so hört man mit dem Schlagen auf, um dasselbe aufs Neue vorzunehmen, wenn sich der Schaum gesetzt, und eine schönes blaue Farbe angenommen hat. Ist die Flüssigkeit zu heiß, oder man hat dieselbe zu stark geschlagen, so sticht das Blau ins Violette, im entgegengesetzten Fall, ist die Farbe Himmelblau. Man fährt mit Unterbrechung fort, indem man dem Schaume immer wieder Zeit läßt, sich zu färben. Bemerkt man, daß der Schaum bei dem Stehen, blos noch eine schwach blaue Farbe annimmt, so schlägt man die Flüssigkeit beinahe ununterbrochen fort.*

*Wird der Schaum nicht mehr blau, sondern bleibt derselbe weiß, oder nimmt er eine röthliche Farbe an, so ist dies ein Zeichen, daß die Arbeit bald vollends zu Ende gebracht ist.*

**Erläuterungen**
Bei diesem Verfahren wird die Vorstufe des Indigos (Indican, Isatan B) – zusammen mit weiteren Blattinhaltsstoffen – mit heißem Wasser aus den Waidblättern extrahiert. Beim „Schaumschlagen" erfolgt sowohl eine Abspaltung des Zuckerrestes als auch eine Oxidation des Indoxyls durch den Luftsauerstoff zum Indigo. Der Schaum wird aus Blattinhaltsstoffen, u.a. aus Saponinen (seifenartige waschaktive Substanzen) oder auch Eiweißstoffen, gebildet.

*Durch das Schlagen nimmt das Wasser, das zuvor einem weißen Weine gleich gesehen hatte, eine immer mehr braune Farbe an; man hat es genug geschlagen, wenn ein Theil der Flüssigkeit, in ein Glas gegossen, nur noch eine gleichförmige braune Farbe hat; bemerkt man aber an den Wandungen des Glases eine bläulich grüne Farbe, so muß das Schlagen fortgesetzt werden. Uebrigens ist es besser, zu lang als zu kurz zu schlagen; im Allgemeinen muß diese Arbeit, wenn man es mit dreihundert Pfund Blättern zu thun hat, anderthalb Stunden lang fortgesetzt werden.*

**Erläuterungen**
Nachdem die Oxidation des Indoxyls zum Indigo abgeschlossen ist, kann man auch die Oxidation von Pflanzenphenolen zu braun gefärbten Chinonen erkennen. Dieser visuelle Test ist gut geeignet, das Ende der Indigobildung dadurch festzustellen.

*Nun läßt man die Flüssigkeit ruhig stehen, worauf der Indigo in Gestalt von Körnern in dem Schlagfasse zu Boden fällt; hierzu sind acht bis zehn Stunden hinreichend; man läßt die Flüssigkeit ab, und trocknet den Indigo, um ihm das Wasser zu entziehen, das ihm bei dem Gähren schaden könnte.*

*Bei diesem Verfahren wendet man keinen fremdartigen Stoff an, wodurch der Indigo verunreinigt werden könnte, und man erhält ihn ebenso rein, als den besten im Handel vorkommenden.*

*Wenn man die Waidblätter dadurch behandelt, daß man sie in kaltes Wasser einweicht und gähren läßt, oder sonst auf irgend eine andere Art, so wäre es nicht möglich den Indigo durch das blose Schlagen zu fällen. Die Ursache davon ist die, daß dann die Temperatur zu niedrig ist, als daß sie die Verbindung des Indigos mit dem Sauerstoffe bewirken könnte und demselben durch diese eigentliche Verbrennung die Farbe und die Eigenschaften ertheilen, die ihn für die Färberei so schätzbar machen.*

*Der Stoff, welchen man am allgemeinsten anwendet, um in diesem Falle die Niederschlagung des Indigos zu bewirken, ist das Kalkwasser, aber man muß bei seiner Anwendung mit großer Vorsicht zu Werke gehen; ich werde daher zur Belehrung der Fabrikanten die Anwendung und die Wirkung dieses Mittels genau beschreiben.*

*Wenn man alles den Tag über zubereitete Wasser in einer Küpe zusammen geschüttet hat, so geht man weiter an die Bereitung des Indigos auf folgende Art, man fängt damit an, daß man die Flüssigkeit eine halbe Stunde lang heftig und ununterbrochen fort schlägt; man ruht blos darum von Zeit zu Zeit aus, damit sich der Schaum setzen und färben kann.*

*Wenn die Flüssigkeit anfängt, eine dunkelbraune Farbe anzunehmen, so gießt man zwei oder drei Litres Kalkwasser hinzu und fährt mit dem Schlagen fort. So verfährt man, indem man abwechslungsweise das Schlagen und das Kalkwasser anwendet, bis die Flüssigkeit eine grüngelbe Farbe erhält, bis sie anfängt trübe zu werden und man die niederzuschlagend Materie suspendirt darin erblickt. Die Menge des anzuwendenden Kalkwassers beträgt, wenn man mit dem Schlagen und dem Hinzusetzen dieses Wassers abwechselt, nie den zehenten Theil des Umfanges der Flüssigkeit, während der Kalk, wenn man alles Kalkwasser auf einmal hinzugießt, die in der Flüssigkeit enthaltene Kohlensäure mehr als sättigt; das entstandene kohlensaure Salz fällt zu Boden und verunreinigt durch seine Beimischung den Indigo.*

*Bei der beschriebenen Methode des Niederschlagens bringt das Schlagen eine große Menge Luft in die Flüssigkeit, welche sich mit dem Indigo verbindet und denselben im Wasser unauflöslich macht, zu gleicher Zeit erzeugt man viele Kohlensäure. Der Zusatz einer kleinen Menge Kalkwassers nach dem jedesmaligen Schlagen bewirkt eine übersaure Verbindung der Kalkerde mit der Kohlensäure, welche in der Flüssigkeit aufgelöst bleibt, und eine gewissermaßen seifenartige Verbindung mit dem Extraktivstoff und dem Kleber der Pflanze, so daß der Indigo von seinen Verbindungen befreit, sich oxydiren und leichter in einem sehr reinen Zustande niederfallen kann.*

*Das erste Resultat, welches man dem Anschein nach bei diesem Verfahren erhält, ist eine geringere Menge Indigo, als wenn man von dem Kalkwasser dem Umfange nach ebensoviel anwendet, als die Flüssigkeit beträgt; aber der erhaltene Indigo ist reiner und besitzt die Beschaffenheit desjenigen, der im Handel am höchsten geschätzt wird.*

*Dieses Verfahren kann man sich in allen Fällen bedienen, sogar wenn man ein Wasser von vierzig Graden bei der Infusion verwendet. Durch dieses Mittel kann man die Dauer des Schlagens abkürzen in dem Falle, wo man sich desselben, wie ich schon angeführt habe, allein bedienen kann, und man wird einen ebenso vollkommenen Indigo erhalten.*

*Hat man allen Indigo in der Küpe zu Boden fallen lassen, so läßt man das Wasser ablaufen.*

*Das zu Boden gefallene Satzmehl erfordert noch einige unumgänglich nothwendige Arbeiten, um ihm den gehörigen Grad der Vollkommenheit zu geben.*

*Der zu Boden gefallene Indigo ist noch mit einem mehr oder weniger beträchtlichen Antheil vermischt, welcher nicht gehörig oxydirt ist und daher auch nicht die Farbe und die Eigenschaften besitzt, die den guten Indigo auszeichnen.*

*Man hätte diesem letzteren durch ein länger fortgesetztes Schlagen auch einen vollkommenen Zustand ertheilen können; aber dann hätte der früher oxydirte noch einen neuen Sauerstoffantheil aufgenommen; er hätte dadurch eine dunklere Farbe erhalten, und wäre im Handel als v e r b r a n n t e r   I n d i g o verworfen worden. Es ist daher besser, dem unvollkommen oxydirten Indigo die ihm noch mangelnden Eigenschaften zu geben, und diesen Zweck kann man auf folgende Art erreichen:*

*Man rührt das noch nasse Satzmehl stark um und gießt unter unaufhörlichem Rühren laues Wasser auf die Masse, dessen Umfang doppelt so viel beträgt, als der des Satzmehles; durch dieses Mittel fällt der vollkommene Indigo zu Boden, und das Wasser hält den unvollkommenen zurück; man läßt das oben aufschwimmende Wasser ab, und behandelt es mit Kalkwasser.*

*Die grüne Farbe verwandelt sich in eine braungelbe; der Indigo wird unauflöslich und fällt zu Boden.*

*Es kann sogar geschehen, daß die Flüssigkeit nach der Behandlung mit dem Schlagen und mit dem Kalkwasser noch etwas Indigo aufgelöst enthält, wenn man bei diesen Arbeiten nicht gehörig zu Werke gegangen ist. Dieses kann man dadurch untersuchen, daß man in dem Augenblicke, wo man es von dem Bodensatze abgießt, etwas davon nimmt und Kalkwasser zugießt, um zu sehen, ob dasselbe braun wird.*

*Um dem Indigomehle den gehörigen Glanz und Reinheit zu verschaffen, muß man dasselbe zweimal auswaschen, einmal mit kaltem und einmal mit warmem Wasser.*

Es folgen nun Vorschriften für weitere Reinigungsschritte, die sehr zeit- und arbeitsaufwendig erscheinen.
Am Ende aller Vorschriften stellt Chaptal dann fest:

*Der Waidindigo, wenn er mit sorgfältiger Beobachtung aller der hier angegebenen Vorsichtsmaßregeln bereitet wird, ist, wo nicht vorzüglicher als der schönste Guatimala=Indigo, doch wenigstens von gleicher Beschaffenheit mit demselben; seine Wirkung in der Färberei ist die nämliche und er ist von dem ächten Indigo, weder durch seine Natur noch durch seine Eigenschaften verschieden.*

*So wäre also der Indigo Frankreich zurückgegeben und könnte der Landwirtschaft eine neue ergiebige Quelle zu ihrer Bereicherung eröffnen.*

*Es kommt nur noch darauf an, zu wissen, ob der Landmann mit Vortheil sich der Verfertigung des Waidindigos hingeben könne; sonst wäre die Entdeckung der Gewinnung des Indigos aus dem Waid zwar an sich äußerst merkwürdig, aber ohne allen Nutzen für die Nation.*

Chaptal hat sich nicht nur mit der Gewinnung des Indigos aus Waid ausführlich beschäftigt, sondern berichtet im „Siebenzehnten Kapitel. Von dem Anbau des Waids und der Indigobereitung aus demselben“ (S. 229–261) vom Waidanbau, der Bereitung des Waidkuchens (das historisch ältere Verfahren) und über die zitierte Gewinnung des Indigos bis zu wirtschaftlichen Berechnungen zu den Kosten des Anbaus und über den Gewinn.

## Sigismund Friedrich Hermbstädt

Hermbstädt (1760–1833) studierte an der Universität seiner Heimatstadt Erfurt Medizin und Pharmazie, promovierte zum Dr. phil. und war danach in Langensalza bei Wiegleb als Repetent bei den chemischen Vorlesungen tätig. 1784 ließ er sich als Apotheker in Berlin nieder, 1790 wurde er Verwalter der Hof-Apotheke und Professor am Collegium medico-chirurgicum. Ab 1810 wirkte er als Professor für Chemie und Technologie an der neu gegründeten Berliner Universität. Durch seine Ämter u.a. beim Königlichen Manufaktur- und Kommerzkollegium, als Mitglied der Salzadministration, als Beisitzer der Technischen Deputation für Handel und Gewerbe konnte er auch durch seine eigenen Forschungen auf Gebieten der angewandten Chemie vielfältige wissenschaftliche Anregungen vermitteln – wie die zum Thema Waid ausgewählten Veröffentlichungen verdeutlichen:

**1. Bulletin des Neuesten und Wissenswürdigsten aus der Naturwissenschaft,** so wie den Künsten, Manufakturen, technischen Gewerben, der Landwirthschaft und der bürgerlichen Haushaltung, für gebildete Leser und Leserinnen aus allen Ständen. (11. Band, Berlin 1812)

**2. Grundriß der Technologie** oder Anleitung zur rationellen Kenntniß und Beurtheilung derjenigen Künste, Fabriken, Manufakturen und Handwerke, welche der Landwirthschaft, so wie der Kameral- und Policeywissenschaft in nächster Verbindung stehen. Zum Gebrauche academischer Vorlesungen und zur Selbstbelehrung für angehende Staatsdiener, Kameral- und Policeybeamte, desgleichen für Landwirthe, Kaufleute, Fabrikanten, Manufakturisten und Handwerker. (1. Band, Wien 1815)

**3. Grundriß der Färbekunst** oder allgemeine theoretische und praktische Anleitung zur rationellen Ausübung der Wollen-, Seiden-, Baumwollen- und Leinenfärberey; so wie der damit in Verbindung stehenden Kunst, Zeuge zu drucken und zu bleichen. Nach physikalisch-chemischen Grundsätzen und als Leitfaden zu dem Unterrichte der inländischen Kattun-Fabrikanten, Färber und Bleicher auf allerhöchsten Befehl entworfen. Dritte durchaus verbesserte und vermehrte Ausgabe. Zweyter praktischer Theil (Berlin und Stettin 1824)

Der folgende Ausschnitt stammt aus dem genannten Bulletin (S. 350–352):
*II. Von der Eigenschaft der Weidblätter und dem Verfahren, den Indigo aus denselben zu ziehen.*

*Die Weidpflanze besitzt zwei Grundfarben, eine h a l t b a r e ä c h t e, die b l a u e, und eine u n ä c h t e z e r s t ö r b a r e, die g e l b e.*

*Die e r s t e aus der Pflanze gehörig auszuziehen, und sie von der zweiten unächten gehörig zu trennen und im trockenen Zustande darzustellen, bestimmt die Kunst der Indigo-Bereitung.*

*Es giebt zweierlei Methoden, um aus der W e i d p f l a n z e den ächten wahren Indigo zu erzeugen; sie weichen aber in der Art des Verfahrens wesentlich von einander ab.*

*Die erste ist die bekannte von K u l e n k a m p angegebene Methode, aus den frisch abgeschnittenen Blättern, mittelst der Gährung, den Indigo zu gewinnen. Sie hat die Nachtheile, daß:*

*1. Niemals ein Prozess dem anderen gleich kommt.*

*2. Daß selten, und fast kann man sagen, niemals, der Farbstoff aus der Pflanze so ausgezogen wird, daß nicht ein Theil desselben in den Blättern zurückbleiben sollte.*

*3. Treibt man die Gährung so weit, daß der Farbestoff aus der Pflanze vollkommen ausgezogen wird; so verschwindet ein Theil des Indigos während der Gährung, und der übrig bleibende ist von schlechter Qualität.*

*4. Der auf diese Weise gewonnene Farbestoff kann niemals gereinigt werden, weil immer ein großer Theil desselben, der sich im desoxdirten Zustande befindet, im Wasser so aufgelöst wird, daß er sich nicht mehr präzipirt, und durch die Reinigungswässer gänzlich verloren geht.*

*5. Wenn er mit Wasser öfter gereinigt wird, so bleibt noch immer ein großer Theil Kalk zurück, so daß derselbe fast die Hälfte des reinen Farbestoffes ausmacht.*

*6. Will man diesen Kalk endlich noch weiter abscheiden, so setzt sich der Indigo so langsam und unvollkommen ab, daß das darüber stehende Wasser immer noch Indigotheilchen enthält, die sich nicht mehr scheiden und mit dem Wasser abgelassen werden müssen.*

*7. Muß immer ein gewisser Grad von erhöheter Temperatur beobachtet werden, wenn der Prozeß nicht mißlingen soll.*

*8. Braucht man im Verhältniß zur Pflanze weit ausgedehntere Gefäße, viel Raum und Zeit, welches alles die Fabrikation im Großen beschwerlich, und nicht leicht ausführbar macht.*

*Die zweite noch ganz unbekannte Art ist, den Farbstoff mittels der kalten Infusion aus abgetrockneten, oder auch bloß verwelkten Blätter zu ziehen. Sie gewährt den Vortheil:*

*1. Daß der Gährprozeß ganz vermieden wird.*

*2. Daß man entfernt vom Orte der Kultur des Weids, seine Fabrik da anlegen kann, wo die Localität und die übrigen Umstände am günstigsten sind.*

*3. Daß alle Mängel und Unvollkommenheiten der Gährungs-Fabrication dabei gänzlich wegfallen, folglich, daß man in Hinsicht auf Fabrikation* [hier Schreibweise so im Original! G.S.], *nämlich auf die Erhaltung des Pigments selbst, auf die gewöhnliche Ausziehung desselben aus der Pflanze, und auf die vollkommenste Reinigung ohne den mindesten Verlust, seinen Zweck so erreichen wird, daß hier, in Bezug auf eine größere Vollkommenheit, nichts zu wünschen übrig bleibt.*

An diesen Text anschließend erfolgt eine ausführliche Beschreibung des Verfahrens, das bereits bei Chaptal nachzulesen ist.

## Johann Bartholomäus TROMMSDORFF

Johann Bartholomäus Trommsdorff (1770–1837) wurde in Erfurt als Sohn eines Arztes und Medizinprofessors geboren. Er absolvierte In der Hof-Apotheke zu Weimar eine Apothekerlehre, konditionierte daran anschließend 1788 bzw. 1789 in Stettin bzw. Stargard und kehrte 1790 nach Erfurt zurück, wo er die Leitung der väterlichen Apotheke übernahm. 1794 begründete er sein chemisch-pharmazeutisches Institut als Ausbildungsstätte von Apothekern. Im selben Jahr wurde ihm von der Universität Erfurt der Titel Dr. phil. verliehen, 1805 auch die medizinische Doktorwürde. 1812 gründete er in Erfurt auch eine Indigo-Fabrik, die jedoch ein wirtschaftlicher Fehlschlag wurde.

Trommsdorff berichtet in der Ausgabe Num. 323 „Allgemeiner Anzeiger der Deutschen" von Montag, den 26. November 1827 (Gotha) in der Rubrik „Kauf- und Handels-Sachen"

*Über den in Thüringen gesunkenen Saflor- und Waidhandel.*

*In früherer Zeit wurde in Thüringen sehr viel Saflor und Waid gebauet und damit ein großer Handel getrieben, von dem jetzt kaum noch ein Schatten vorhanden ist.*

*(...)*[Abschnitt über Saflor]

*Der Waidbau ist seit der Einführung des Indigo sehr in Verfallen gerathen, allein der Waid ist durch den Indigo keineswegs ganz verdrängt worden; denn es wird immer noch genug Waid gebraucht, dessen Nutzen in warmen Küpen jedem Färber bekannt ist. Der thüringer Waid war vormahls sehr berühmt, hat aber seinen Credit verloren, vermuthlich weil man auf die Gährung der Blätter nicht mehr die gehörige Sorgfalt wendete. Jetzt beziehen die meisten Färbereyen ihren Waid aus Ungarn. Der ungarische Waid wird in kleinen Kugeln von dunkelgrüner Farbe verschickt.*

*Gegenwärtig hat man vielseitig die Erfahrung gemacht, daß vollkommen ausgebildete, sorgfältig getrocknete Waidblätter in gemahlnem Zustande eine vorzüglich gute Waidküpe geben. Da hierbey keine Verderbniß des Waids Stadt finden kann, so verdienet dieses Verfahren allgemein eingeführt zu werden. Unsere Landleute, die sich noch mit dem Waidbau beschäftigen, würden daher gewiß auch Absatz finden, wenn sie die völlig entwickelten, gut getrockneten Blätter an die Waidhändler bringen wollten, die dann das Mahlen derselben zu besorgen hätten. Sollten vielleicht noch manche Färber ein Vorurtheil gegen diesen gepulverten Waid haben, so würden sie durch eine Probe, die sie damit anstellen, gewiss bald davon zurück kommen. Wir haben wahrlich jetzt alle Ursache, darauf zu denken, dem armen Landbauer neue Betriebsquellen zu eröffnen.*

*Dr. Joh. Bartholm. Trommsdorff.*

1812 veröffentlichte Franz Anton von Resch, Kammerpräsident zu Erfurt, einen Bericht unter dem Titel „Sieg des Waid-Indigs über den ausländischen Indig. Ein Beitrag zur Beförderung einheimischer Cultur“ (Weimar, im Verlage des Landes-Industrie-Comptoirs), gewidmet dem „Durchlauchtigsten Regenten der Staaten des Rheinischen Bundes“ (Name nicht genannt!). Darin sind auch die Versuche von Trommsdorff beschrieben.
Im *Vorbericht* ist zu lesen:
*In der kleinen Abhandlung:* Der ausländisch Indig und das Surrogat desselben, der Waid-Indig, *dessen Inhalt jetzt die nachfolgenden Blätter noch einmal, weiter ausgeführt, wiederholen, versprach ich, die Resultate fernerer Untersuchungen über die Gewinnung des Indigs aus Waid mitzutheilen. Diese Versuche wurden mit dem genügendsten Erfolge belohnt, und eine einfache Operation kann dem Erzeugnisse einheimischer Cultur, die Schönheit und Brauchbarkeit des ausländischen aneignen.*
*(…)*

*So erfreulich mir selbst der Erfolg eigener Bemühungen und der glücklichen Versuche des Herrn Hofraths T r o m m s d o r f f seyn muß, so werde ich doch den schönsten Lohn darin finden, wenn dadurch beigetragen wurde, der Zukunft die Reichthümer zu erhalten, die frühere Jahrhunderte in diesem Anbaue fanden, und wenn es gelungen ist, in E r f u r t, der wichtigsten der alten Waid-Städte, den ersten sicheren Schritt gethan zu haben, den Ruhm dieser Industrie zu erneuern.*

In dieser Schrift sind Protokolle enthalten, in denen über die Färbeversuche von Trommsdorff – unter der Überschrift:

*Gerichtliche Verhandlungen über die unter obrigkeitlicher Aufsicht angestellte Färbe-Versuche mit Waid-indig.*

Es handelt sich um Protokolle, die mit dem Namen *Zacke* (Senator, als ernannter Commisarius) unterzeichnet sind.

Die Versuche mit Trommsdorff fanden in der Kretschmannschen Färberei, Schmidtstädter Gasse, statt (11., 13., 15. Januar 1812). Das Ergebnis der Versuche wurde am 15. Januar 1812, nachmittags (mit den Proben des Färbens im Anhang) wie folgt vorgestellt:

*In Gegenwart des Herrn Kammerpräsidenten v. Resch, dHrn. Burgemeisters Dr. Weissmantel, dHrn. General-Inspectors Kahlert und mehrere angesehener Personen wurde das fraglich, mit dem Trommersdorffischen Waid-Indig gefärbte, Tuchstück den eingeladenen Meistern des Färber-Gewerbes*

*Herrn Müller,*
*Herrn Meisch und*
*Herrn Voigt*

*zur Beschauung und Untersuchung vorgelegt, und erklärten dieselben, nach vorgenommener sorgfältiger Untersuchung, daß solches mit Waid-indig gefärbt, die Farbe schön sey, und aus Ostindischem Indigo nicht besser zu erhalten stehe, überdieses auch fest und dauerhaft wäre. (...)*

1780 hatten Johann Jacob Planer und Trommsdorff die Ergebnisse ihrer gemeinsamen *Untersuchung zur blauen Farbe im Waidkraute* (Erfurt) publiziert. Zu diesen umfangreichen Arbeiten stellte der Chemiehistoriker Hermann Kopp in seiner „Geschichte der Chemie“ (Band 4, S. 401, 1847) fest:

*...Viele Versuche (aus dem Waid die blaue Farbe in reinerem Zustande darzustellen) wurden hierüber angestellt; die Untersuchungen, aus welchen zuerst die Uebereinstimmung der blauen Farbe im Waid mit dem Indigo hervorging, führten Planer und Trommsdorff aus, und publicirten sie in den Schriften der Churmainzischen Akademie der Wissenschaften zu Erfurt für 1778 und 1779 (auch abgesondert als „Untersuchung der blauen Farbe im Waidkraut 1780); ...*

In der Veröffentlichung von Hansjürgen Müllerott „Quellen zum Waidanbau in Thüringen...“ (Arnstadt 1993) sind weitere Rezepte zur Gewinnung von Waidindigo zu finden.

Auf der Seite des Heimatvereins Hochstedt:
(www.hochstedt.de/neo/index.php/waidindigo.html)
ist eine aktuelle Beschreibung der Waidindigo-Gewinnung – aus Waidblättern veröffentlicht.

Welche Bedeutung die Gewinnung von Indigo aus Färberwaid um 1800, d.h. die Versuche zu einer Wiederbelebung des Waidanbaus gehabt hat, verdeutlichen zahlreiche Veröffentlichungen in Journalen, von denen beispielhaft drei ausgewählt wurden.

1. Taschenbuch für Scheidekünstler und Apotheker auf das Jahr 1799, Band 20 – S. 92:

**_Indig aus dem Waidkraute_** [Im Taschenbuch 1790] **_S. 52_**

*Die Bereitung des Waidindigos ist hier so beschrieben, wie sie Kulenkamp* [Färber Kulenkamp aus Bremen] *schon im Jahre 1755 angegeben hat. Im Jahre 1790 machte der Kaufmann Nonne in Erfurt aufs neue Versuche darüber, und trieb es ziemlich ins Große. Ungefähr um dieselbe Zeit unternahm es auch die Herrnhuter Gemeinde in Neudietendorf. Man hat es da einige Jahre fortgetrieben und immer jedes Jahr einige hundert Pfund bereitet. Der Mangel eigener Länderei aber, und der zu hohe Preis wofür ihnen der Waid von den Landleuten angeschlagen wurde, störten bald den Fortgang der Unternehmung. 1783 machte auch Gren einige Versuche in Crells neuest. Entdeck. In der Chemie Th. 8. S. 74. darüber bekannt, und Dambourny (Versuche und Erfahrungen über die ächten und dauerhaften Farben für die Wolle und wollenen Zeuge Leipzig 1793.) ist der Meinung, daß bey der Indigfabrikatur aus Waid 50 Pro Cent gewonnen werde. Ob sich dieses bey uns bestätigen möchte, ist sehr zu bezweifeln.*
[Friedrich Albrecht Carl GREN (1760–1798) stammte aus Bernburg, war dort Apothekerlehrling, übernahm 1780 eine Apotheke in Erfurt, studierte noch in Helmstedt und wurde 1788 Professor der Physik und Chemie in Halle. 1784 veröffentlichte er seine „Betrachtungen über die Gärung".]
In Bezug auf den im Text genannten Färber *Kulenkamp(f)* ist im 2. Wochenblatt des Landwirtschaftlichen Vereins in Bayern, Band 2, erste Hälfte von Nro. 1-26 (1811) ab S. 388 u.a. zu lesen:

**_90._**
**_Erinnerung an den Waid._**

*(...)*

*Bekanntlich ist der Waid eine Handelspflanze, die bei gehöriger Güte und Zubereitung noch immer ihren Absatz findet. Ausserdem ist er besonders in der letzten Zeit auch dadurch wichtig geworden, daß man das eigentliche blaue Farbwesen, welches es enthält, daraus absondern kann, und daß dieses sich dann ganz so verhält, wie der jetzt so theure Indigo, mit der Ausnahme, daß es schwächer ist als letzterer, und deßhalb, um ein gleich dunkles Blau damit zu erhalten, eine größere Menge genommen werden muß, deren Verhältniß aber noch nicht genau bestimmt ist, und auch wohl zu verschiedenen Zeiten und an verschiedenen Orten etwas abweichen wird, wie dieses in Hinsicht auf die Farbkraft des Indigs selbst ebenfalls Statt findet.*

*(...)*

*Unter den auswärtigen Arbeiten zeichnen sich besonders die in Nro. 22 dieses Wochenblattes nachrichtlich berührten des Doktors H e i n r i c h zu Plan in Böhmen, auch durch die Unterstützung aus, welche ihnen die österreichische Regierung angedeihen läßt. So viel bis jetzt davon im Publikum bekannt geworden ist, ist sein Verfahren zwar keine neue Erfindung zu nennen; den schon der Färber K u l e n k a m p in Bremen hat, statt der sonst gewöhnlichen Gährung, den bloßen Aufguß mit warmem Wasser angewendet, wodurch das Verfahren allerdings sehr vereinfacht und erleichtert wird, und mehr in die Gewalt des Arbeiters kommt...*

3. **Journal für Fabrik, Manufaktur, Handlung und Mode, May 1795**
(zum Färber Kulenkamp) – IV. *Ueber die Farbmaterialien – Zur blauen Farbe – aus dem vegetabilischen Reiche;*
Nach einer ausführlichen Beschreibung von Anbau und Ernte ist zum Verfahren der Indigogewinnung (aus den Indigoballen) u.a. zu lesen:

*Bis jetzt ist es immer noch bloße Waid-Farbe, aber noch kein Waid-Indig. Es färbt zwar dauerhaft, aber nicht so schön, und enthält nicht so viele Farbtheile, denn der Farbestoff ist noch mit so vielen fremden Theilen der Blätter verbunden. Man hat daher versucht die blauen Farbetheile mittelst heißen Wassers auszuziehen, und durch einen Niederschlag aus dem Wasser zu Niedersetzen zu bringen. Am weitesten ist man bis jetzt darinnen zu Neudietendorf gekommen, welches zwischen Gotha und Erfurt liegt, wo man nehmlich an 300 Pfund brauchbaren Waid-Indig machte. Auch der Steuereinnehmer Vogel zu Brehna Waid-Indig geliefert, und solchen der ökonomischen Societät zu Leipzig vorgelegt. Wichtige Versuche hierinnen hat auch der Färber Hr. Kulenkamp gemacht. Er machte die Versuche zur Erhaltung eines Preises, und zog sonderlich die Behandlungsart ab von der Indig-Bereitung in Amerika. Er behauptet nemlich, daß man das Wasser zur Fäulungsküpe heiß machen müsse, weil unser Klima kälter ist: man muß verhüten, daß das Kraut nicht koche, sonst geht alles verloren. Herrn Kulenkamps Verfahrungsart ist: Er läßt neues Flußwasser kochen, und sobald dieses erfolgt, löscht er das Feuer aus, damit das Kochen aufhöre. Man füllt hierauf den Kessel mit frischen, so wenig wie möglich zerquetschten Waid-Blättern an, so viel als man hineinbringen kann, und rührt alles wohl durch einander. Man öffnet hierauf den Zapfen des Kessels, der aber inwendig mit einem wollenen Lappen überzogen seyn muß, damit alles Dicke zurückbleibe. (...)*

# Auswahl Bezugsquellen

Saatgut (Färberwaid):

- Templiner Kräutergarten, Storkower Dorfstr. 53, 17268 Templin (info@templiner-kraeutergarten.de)
- Dreschflegel GbR, Postfach 1213, 37202 Witzenleben (info@dreschflegel-saatgut.de)
- Pflanzen-Vielfalt, Walter Wolf, Weiherblick 14, 79809 Weilheim (walter@pflanzen-vielfalt.de)

Färberwaid geschnitten:

- Senger Naturrohstoffe und Gartenbau, Bachstr. 2, 37127 Dransfeld (verkauf@senger-naturrohstoffe.de)
- Dragonspice Naturwaren, Im Staudfuß 4, 72770 Reutlingen (info@dragonspice.de)
- Biogartenladen, Göhlsdorfer Str. 45, 14550 Groß Kreutz (info@biogartenladen.de)
- Textil-Ing. Dorothea Flaskamp, Neue Str. 3, 52441 Linnich (info@ketteundschuss.de)

Indigo aus Waid:

- Kremer Pigmente GmbH & Co. KG, Hauptstr. 41–47, 88317 Aichstetten (info@kremer-pigmente.de)
- Re-enactment Store Stefan Pilz, Pflanzenfärber Shop, Herder Str. 40 a, 41836 Hückelshoven (shop@pflanzenfaerber.eu)

(als Naturprodukt auch unter dem Namen *khadi*® Naturprodukte Pflanzenhaarfarbe reines Indigo)
Indigo-Pulver auch in Fachgeschäften für Kunstmaler

# Literatur


- Schreber, Daniel Gottfried (1708–1777): Historische, physische und öconomische Beschreibung des Waides, Halle 1752 (Reprint Arnstadt 2013).
- Müllerott, Hansjürgen: Quellen zum Waidanbau in Thüringen, Arnstadt 1993 [mit Rezepten].
- Beiträge zur Waidtagung. Deutsche Gesamtausgabe, Jahrgang 4/5, Teil 1–4, Arnstadt 1994
- Fischer, Falk: Waid – das blaue Wunder. Wiederentdeckung einer alten Nutz- und Kulturpflanze, Köln 1997.
- Beneckenstein, Horst: Waid des Thüringerlandes Goldenes Vlies (Hrsgb. Thüringer Freilichtmuseum Hohenfelden) 1992.
- Lauterbach, Fritz: Geschichte der in Deutschland bei der Färberei angewandten Farbstoffe mit besonderer Berücksichtigung des mittelalterlichen Waidbaues, Leipzig 1905.
- Crolachius, Henricus: Isatis herba oder die Waidpflanze: verständliche Beschreibung der Kultur der Waidpflanze, die man gewöhnlich Guado nennt, deren Anbau in Thüringen weite Verbreitung gefunden hat und ihre Zubereitung als Farbstoff zum Blaufärben der Wolle, Zürich 1563 (Faksimile-Druck Thüringer Chronik-Verlag Müllerott, Arnstadt 1991).
- Beneckenstein, Horst: Waidstadt Erfurt, Erfurt 1991.
- Bärwald, Tina: Der Erfurter Waidhandel im ausgehenden Mittelalter, Examensarbeit Universität Jena 2010.
- Frontzek, Alice: Blaues Gold. Ein Erfurter Waid-Roman (spannend und auch mit zahlreichen Fakten zur Geschichte und Gewinnung); Erfurt 2015.
- Hildegard von Bingen: Heilsame Schöpfung – Die natürliche Wirkkraft der Dinge. Physica, (Übers. Ortrun Riha), hrsg. Abtei St. Hildegard Rüdesheim/Ebingen, Beuron 2012.
- Scherf, Gertrud: Pflanzengeheimnisse aus alter Zeit. Überliefertes Wissen aus Kloster-, Burg- und Bauerngärten, München 2004.

# Bücher von Georg Schwedt im Verlag Rockstuhl

*Georg Schwedt*
Taschenbuch, 142 Seiten und 42 Abbildungen
ISBN 978-3-95966-083-9

*Georg Schwedt*
Taschenbuch, 112 Seiten, 50 Abbildungen
ISBN 978-3-95966-094-5

*Georg Schwedt*
Taschenbuch, 122 Seiten, 72 Abbildungen
ISBN 978-3-95966-156-0

*Georg Schwedt*
Taschenbuch, 72 Seiten, 50 Abbildungen
ISBN 978-3-95966-169-0